地域气候适应型绿色公共建筑设计研究丛书　丛书主编　崔愷

地域气候适应型

绿色公共建筑设计工具与应用

Design Tools for Region and Climate Adaptive Green Public Buildings

常钟隽　周海珠　主编

张永炜　高乃平　高力强　副主编

中国建筑科学研究院有限公司

中国建筑设计研究院有限公司

———

编著

U0288209

中国建筑工业出版社

图书在版编目（CIP）数据

地域气候适应型绿色公共建筑设计工具与应用 =
Design Tools for Region and Climate Adaptive Green
Public Buildings / 中国建筑科学研究院有限公司，中
国建筑设计研究院有限公司编著；常钟隽，周海珠主编
.—北京：中国建筑工业出版社，2021.9
（地域气候适应型绿色公共建筑设计研究丛书 / 崔
恺主编）
ISBN 978-7-112-26471-1

Ⅰ.①地… Ⅱ.①中… ②中… ③常… ④周… Ⅲ.
①气候影响—公共建筑—建筑设计—研究 Ⅳ.①TU242

中国版本图书馆CIP数据核字（2021）第166814号

丛书策划：徐　冉　　　责任编辑：徐　冉　陆新之　　文字编辑：黄习习
书籍设计：锋尚设计　　　责任校对：李美娜

地域气候适应型绿色公共建筑设计研究丛书
丛书主编　崔恺

地域气候适应型绿色公共建筑设计工具与应用

Design Tools for Region and Climate Adaptive Green Public Buildings

中国建筑科学研究院有限公司　中国建筑设计研究院有限公司　编著
常钟隽　周海珠　主编
张永炜　高乃平　高力强　副主编

*

中国建筑工业出版社出版、发行（北京海淀三里河路9号）
各地新华书店、建筑书店经销
北京锋尚制版有限公司制版
北京富诚彩色印刷有限公司印刷

*

开本：889毫米×1194毫米　横1/20　印张：7　字数：140千字
2021年10月第一版　　2021年10月第一次印刷
定价：**30.00**元
ISBN 978-7-112-26471-1
（38001）

丛书编委会

丛书主编
崔　愷

丛书副主编
（排名不分前后，按照课题顺序排序）

徐　斌　孙金颖　张　悦　韩冬青　范征宇　常钟隽

付本臣　刘　鹏　张宏儒　倪　阳

工作委员会
王　颖　郑正献　徐　阳

丛书编写单位
中国建筑设计研究院有限公司

清华大学

东南大学

西安建筑科技大学

中国建筑科学研究院有限公司

哈尔滨工业大学建筑设计研究院

上海市建筑科学研究院有限公司

华南理工大学建筑设计研究院有限公司

《地域气候适应型绿色公共建筑设计工具与应用》

中国建筑科学研究院有限公司　编著
中国建筑设计研究院有限公司

主编

常钟隽　周海珠

副主编

张永炜　高乃平　高力强

主要参编人员

杨彩霞　李晓萍　李以通　陈　晨　张　伟　吴春玲
魏　兴　成雄蕾　王雯翡　魏慧娇　孙金颖　徐　斌
周立宁　刘剑涛　董妍博　张成昱　周广建　康　宁
　　　　刘建园　厉盼盼　陈金亚　陈　佳

2021年4月15日，"江苏·建筑文化大讲堂"第六讲在第十一届江苏省园博园云池梦谷（未来花园）中举办。我站在历经百年开采的巨大矿坑的投料口旁，面对一年多来我和团队精心设计的未来花园，巨大的伞柱在波光下闪闪发亮，坑壁上层层叠叠的绿植花丛中坐着上百名听众，我以"生态·绿色·可续"为主题，讲了我对生态修复、绿色创新和可持续发展的理解和在园博园设计中的实践。听说当晚在网上竟有超过300万的点击率，让我难以置信。我想这不仅仅是大家对园博会的兴趣，更多的是全社会对绿色生活的关注，以及对可持续发展未来的关注吧！

的确，经过了2020年抗疫生活的人们似乎比以往任何时候都更热爱户外，更热爱健康的绿色生活。看看刚刚过去的清明和五一假期各处公园、景区中的人山人海，就足以证明人们对绿色生活的追求。因此城市建筑中的绿色创新不应再是装点地方门面的浮夸口号和完成达标任务的行政责任，而应是实实在在的百姓需求，是建筑转型发展的根本动力。

近几年来，随着习近平总书记对城乡绿色发展的系列指示，国家的建设方针也增加了"绿色"这个关键词，各级政府都在调整各地的发展思路，尊重生态、保护环境、绿色发展已形成了共同的语境。

"十四五"时期，我国生态文明建设进入以绿色转型、减污降碳为重点战略方向，全面实现生态环境质量改善由量变到质变的关键时期。尤其是2021年4月22日在领导人气候峰会上，国家主席习近平发表题为"共同构建人与自然生命共同体"的重要讲话，代表中国向世界作出了力争2030年前实现碳达峰、2060年前实现碳中和的庄严承诺后，如何贯彻实施技术路径图是一场广泛而深刻的经济社会变革，也是一项十分紧迫的任务。能源、电力、工业、交通和城市建设等各领域都在抓紧细解目标，分担责任，制定计划，这成了当下最重要的国家发展战略，时间紧迫，但形势喜人。

面对国家的任务、百姓的需求，建筑师的确应当担负起绿色设计的责任，无论是新建还是改造，不管是城市还是乡村，设计的目标首先应是绿色、低碳、节能的，创新的方法就是以绿色的理念去创造承载新型绿色生活的空间体验，进而形成建筑的地域特色并探寻历史文化得以传承的内在逻辑。

对于忙碌在设计一线的建筑师们来说，要迅速跟上形势，完成这种转变并非易事。大家习惯了听命于建设方的指令，放弃了理性的分析和思考；习惯了形式的跟风，忽略了技术的学习和研究；习惯了被动的达标合规，缺少了主动的创新和探索。同时还有许多人认为做绿色建筑应依赖绿色建筑工程师帮助对标算分，依赖业主对绿色建筑设备设施的投入程度，而没有清楚地认清自己的责任。绿色建筑设计如果不从方案构思阶段开始就不可能达到"真绿"，方案性的铺张浪费用设备和材料是补不回来的。显然，建筑师需要改变，需要学习新的知识，需要重新认识和掌握绿色建筑的设计方法，可这都需要时间，需要额外付出精力。当绿色建筑设计的许多原则还不是"强条"时，压力巨大的建筑师们会放下熟练的套路方法认真研究和学习吗？翻开那一本本绿色生态的理论书籍，阅读那一套套相关的知识教程，相信建筑师的脑子一下就大了，更不用说要把这些知识转换成可以活学活用的创作方法了。从头学起的确很难，绿色发展的紧迫性也容不得他们学好了再干！他们需要的是一种边干边学的路径，是一种陪伴式的培训方法，是一种可以在设计中自助检索、自主学习、自动引导的模式，随时可以了解原理、掌握方法、选取技术、应用工具，随时可以看到有针对性的参考案例。这样一来，即便无法保证设计的最高水平，但至少方向不会错；即便无法确定到底能节约多少、减排多少，但至少方法是对的、效果是"绿"的，至少守住了绿色的底线。毫无疑问，这种边干边学的推动模式需要的就是服务于建筑设计全过程的绿色建筑设计导则。

"十三五"国家重点研发计划项目"地域气候适应型绿色公共建筑设计新方法与示范"（2017YFC0702300）由中国建筑设计研究院有限公司牵头，联合清华大学、东南大学、西安建筑科技大学、中国建筑科学研究院有限公司、哈尔滨工业大学建筑设计研究院、上海市建筑科学研究院有限公司、华南理工大学建筑设计研究院有限公司，以及17个课题参与单位，近220人的研究团队，历时近4年的时间，系统性地对绿色建筑设计的机理、方法、技术和工具进行了梳理和研究，建立了数据库，搭建了协同平台，完成了四个气候区五个示范项目。本套丛书就是在这个系统的框架下，结合不同气候区的示范项目编制而成。其中汇集了部分研究成果。之所以说是部分，是因为各课题的研究与各示范项目是同期协同进行的。示范项目的设计无法等待研究成果全部完成才开始设计，因此我们在研究之初便共同讨论了建筑设计中绿色设计的原理和方法，梳理出适应气候的绿色设计策略，提出了"随遇而生·因时而变"的总体思路，使各个示范项目设计有了明确的方向。这套丛书就是在气候适应机理、设计新方法、设计技术体系研究的基础上，结合绿色设计工具的开发和协同平台的统筹，整合示范项目的总体策略和研究发展过程中的阶段性成果梳理而成。其特点是实用性强，因为是理论与方法研究结合设计实践；原理和方法明晰，因为导则不是知识和信息的堆积，而是导引，具有开放性。希望本项目成果的全面汇集补充和未来绿色建筑研究的持续性，都会让绿色建筑设计理论、方法、技术、工具，以及适应不同气候区的各类指引性技术文件得以完善和拓展。最后，是我们已经搭出的多主体、全专业绿色公共建筑协同技术平台，相信在不久的将来也会编制成为App，让大家在电脑上、手机上，在办公室、家里或工地上都能时时搜索到绿色建筑设计的方法、技术、参数和导则，帮助建筑师作出正确的选择和判断！

当然，您关于本丛书的任何批评和建议对我们都是莫大的支持和鼓励，也是使本项目研究成果得以应用、完善和推广的最大动力。绿色设计人人有责，为营造绿色生态的人居环境，让我们共同努力！

崔愷

2021年5月4日

前言

　　自我国首部《绿色建筑评价标准》GB/T 50378—2006发布以来，绿色建筑从无到有、从单体建筑到区域建筑、从浅绿到深绿和泛绿，实现了规模化、标准化发展，绿色建筑已成为城市绿色低碳发展的基本要求。但是，绿色建筑在发展过程中也存在一些问题，绿色建筑咨询工程师在绿建项目中介入一般比较晚，绿色建筑理念与建筑设计的融合度不够，不能保证绿色等级和性能水平，常常需要增加高成本的设备设施，与绿色建筑发展初衷有所偏离。绿色是建筑的基本色，是建筑从规划、设计、建设、运维全过程都应秉持的基本原则，需要从规划设计之初，就以绿色化理念为主导进行设计工作。因此，建筑师应当担负起绿色设计的责任，需要重新认识和掌握绿色建筑的设计方法，更需要性能分析工具作为设计决策依据，快速判断"设计效果是绿的"。目前，场地风热环境、自然通风、天然采光等绿色建筑的模拟工具得到快速发展，为适应绿色建筑对性能模拟分析的更高要求，国内也出现了国产化、功能更加集成的性能模拟分析工具，但是面向建筑师为应用主体的设计分析工具还比较匮乏。

　　本书编制组面向建筑师主导的绿色公共建筑设计需求，开发了绿色公共建筑方案设计辅助工具和绿色公共建筑深化设计辅助工具。在方案设计阶段，方案设计辅助工具以插件形式应用于SketchUp平台，识别方案模型，帮助建筑师在创作过程中快速进行建筑经济技术指标判断；同时，建筑师能够利用该工具快速进行设计方案的气候适应性指标评价，并根据设计优化建议进行方案优化，创作出符合地域气候特色的绿色公共建筑方案。在深化设计阶段，基于自主知识产权的计算内核，可快速进行场地微环境分析、建筑形体分析，为绿色公共建筑精细化设计提供工具支撑和优化决策依据。并且利用绿色公共建筑辅助工具对不同气候区典型城市的示范工程进行设计过程复盘，取得了较好的预期效果，验证了工具的操作可行性和计算准确性。

地域气候适应型绿色公共建筑设计工具是绿色公共建筑设计新方法的关键组成部分，也是绿色建筑高质量发展的重要手段，为项目总目标的实现提供了有力技术支撑。开发地域气候适应型绿色公共建筑设计工具，对推进绿色建筑及建筑工业化、实现可持续发展具有深远意义。

目录

第1章　绪论

1.1　背景 002

1.2　建筑性能分析工具概况 004

1.3　绿色公共建筑性能化设计 018

第2章　面向建筑师的绿色公共建筑设计辅助工具

2.1　气候适应型绿色公共建筑方案设计辅助工具 026

2.2　面向建筑布局的场地微环境分析工具 037

2.3　面向建筑形体设计的性能分析工具 051

第3章　绿色公共建筑新工具应用案例

3.1　哈尔滨华润欢乐颂商场 066

3.2　中国北京世界园艺博览会中国馆 080

3.3 宁波太平鸟高新区男装办公楼..095

3.4 华南理工大学广州国际校区..109

第4章 **发展与展望**

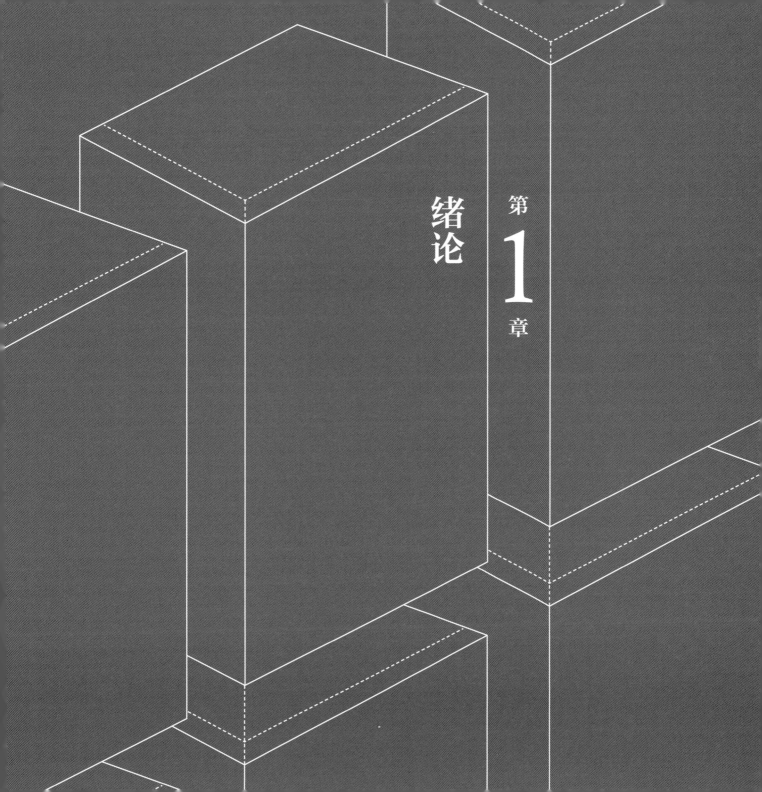

第 1 章

绪论

1.1 背景

信息时代的来临对传统生活各个领域都带来了巨大变化，建筑领域同样如此。建筑是承载着人们生活和工作的重要载体，数字化生存方式不仅改变了人们赖以生存的城市和建筑，也带来了建筑设计理念的变迁、设计模式的更迭以及设计工具的发展。

1963年美国学者伊凡·萨瑟兰首次在计算机屏幕上画线，标志着计算机正式具备画图功能；20世纪80年代，当代美国未来学家阿尔文·托夫勒向世人宣告，继农业文明之后第三次浪潮已汹涌而来，但此时他并未给出一个明确定义[①]；随后，英国科学家詹姆士·马丁提出了"信息时代"的概念，信息化正式进入世人视野。进入21世纪，"信息化""数字化"技术发展突飞猛进，计算机及其网络广泛使用和普及，一方面为人们提供强大的运算能力、信息处理、管理和分析能力，同时也改变着人们原有的行为方式，改变着城市和建筑的面貌。数字化技术在建筑领域的应用大致可以分为以下三个阶段：

一是数字化技术萌芽阶段。20世纪60年代，美国麻省理工学院提出交互式图形学的研究计划，CAD（Computer Aided Design，计算机辅助设计）出现，电脑绘图功能改变着工业、建筑业等各行各业的发展。但受限于信息技术的成熟度、电脑软硬件设施价格及民众购买力等现实困难，这一阶段只有美国通用汽车公司和美国波音航空公司使用自行开发的交互式绘图系统，计算机绘图无法真正投入大面积使用[②]。但计算机绘图能力的出现，以及依托计算机强大的数字处理能力所带来的计算机视觉艺术，在很大程度上推动了建筑师对于建筑形式美的认知。总体说来，萌芽阶段数字化技术正在悄然改变着建筑师的感知力与审美视角，激发起应用数字化技术在建筑领域应用及尝试的探索欲。

二是数字化技术不断发展并趋向成熟应用阶段。自20世纪80年代开始，数字化技术不断发展并走向成熟。个人计算机开始普及，出现了专门从事CAD系统开发的公司，如VersaCAD、Autodesk等。其中VersaCAD公司所开发的CAD软件功能强大，但因

---

① 石晶. 数字化进程中建筑设计方式的发展变迁[D]. 长沙：湖南大学，2007.
② 倪海参. 主流船舶设计CAD软件间船体结构数据交换方法的研究[D]. 上海：上海交通大学，2012.

价格昂贵得不到普遍应用[①]；而当时的Autodesk开发的CAD系统虽然功能有限，但因其可免费拷贝、系统开放性强、升级迅速，故在社会上得以广泛应用。因此，这一阶段成熟的计算机绘图系统开始大规模应用于日常的工作中。同时，计算机辅助设计软件的发展促进了电脑数字影像处理与合成技术，电脑的仿真模拟和动画技术也得到长足发展。此时，计算机也正大规模应用于建筑领域，涵盖建筑策划、设计、建造以及运行维护的整个过程。

三是数字化技术带来建筑领域重大影响的阶段。20世纪末21世纪初，数字化技术对建筑领域的重大影响体现在两方面：一方面是数字化时代人们行为方式的变化从主观上促成了新的建筑空间和形式的出现；另一方面是数字化技术的发展也不断激发人们的想象力，为人们想象并创造新建筑提供了技术支撑。与此同时，建筑形体分析、性能分析等辅助分析工具的使用带来建筑设计方式的改变，SketchUp、3ds Max等软件出现并成熟应用，动态设计、多专业综合设计、反馈优化设计带来设计质量的提升，出现了一系列典型建筑，如巴塞罗那的城市标志性建筑——Agbar塔、美国建筑大师弗兰克·盖里设计的旅馆模型、中国的"鸟巢"等。这些代表性建筑的出现以及崭新的建筑形式依赖于计算机的精密计算，数字化技术也为世界呈现了更加精彩纷呈的建筑形态（图1.1-1）。

图1.1-1
建筑领域数字化技术
的应用发展流程

---

① 倪海参. 主流船舶设计CAD软件间船体结构数据交换方法的研究[D]. 上海：上海交通大学，2012.

总体来看，数字化技术在建筑领域的发展演变经历了上述三个阶段。数字化进程中建筑被赋予了更多的意义和内涵，数字化技术也在潜移默化中改变了建筑的设计理念、建筑技术的发展方向，例如建筑新材料的出现和应用、建筑结构形式的发展、建筑空间构成的演变，以及建筑功能与形式的变革等。建筑师在应用软件提升工作效率的同时，也日益关注建筑设计中性能设计以及性能优化的重要性。

1.2 建筑性能分析工具概况

基于数字化技术的辅助优化设计是建筑设计发展中更为先进、科学、理性的设计理念和方法，能够利用计算机性能分析工具开展精细化设计，进行风场、通风、采光、热环境、声环境、日照等各种环境性能分析，例如通过室外风环境模拟可以获得建筑室外风场分布情况，可以作为调整建筑布局、优化形体设计等的依据，还可以作为室内自然通风模拟的输入参数，进而优化室内自然通风效果。

具体而言，建筑领域中性能化分析工具不仅包含对建筑内部及周围光、声、热、风等环境方面的模拟分析，也包含对建筑本体结构与相关系统设备等性能方面的模拟分析。其中，光环境模拟分析主要针对建筑间遮挡与阴影，以及室内自然采光、人工照明、遮阳及眩光进行分析等，主要工具有Ecotect、IES、Radiance、Daysim和DIVA等。声环境模拟分析主要针对建筑周边噪声控制与室内音质设计两方面进行，主要工具有RAYNOISE、SoundPLAN和Canda/A等。在热环境方面，主要包括建筑围护结构及构配件传热、建筑内部及周边热环境的模拟分析。针对传热问题，一般需要解决的是建筑围护结构及构配件的热工性能计算和热桥分析等，常用的工具有THERM、COMSOL等。针对热环境的分析还包括对室内热环境、区域建筑热环境及城市热岛效应等的分析，需要结合空气流动或室外风环境进行模拟分析，一般需要综合考虑传热与流动问题，常用到各类计算流体动力学仿真软件（Computational Fluid Dynamics，CFD）。空气流动方面的模拟分析主要包括：针对建筑内部通风与气流组织、空气质量与热湿环境控制等分析，常用的工具有Airpak、FloVEN和Star-CCM+等；针对建筑外部小区风场环境、大气环境与城市热岛效应等分析，常用的工具有PHOENICS、ANSYS Fluent和ENVI-met等；针对建筑整体能耗与能效方面的分析，常用的工具有EnergyPlus、eQUEST、DeST及DesignBuilder等。同时，部分分析工具可能具备多项功能，可完成一系列相关建筑性能的模拟计算，为综合性的软件包，如Ecotect可以方便快捷地对建筑热、光、声等多项性能进行综合分析。现对部分性能分析工具简要介绍如下。

1.2.1 风环境模拟分析工具

目前在工程领域有多种CFD模拟软件可用于风环境模拟，常见的软件有PHOENICS、Fluent、Star-CD、Airpak、WindPerfect、STREAM等。其中，Airpak、WindPerfect以及PHOENICS中的Flair模块，是面向建筑人工环境的专业分析软件，特别是在暖通空调（HVAC）设计领域有着十分广泛的应用，这些软件不仅使复杂流动问题求解过程中的网格生成、边界条件与模拟参数设置等工作得到极大简化，还能提供对计算结果进行处理和分析的辅助工具，在实际应用中具有良好的便捷性；而PHOENICS、Fluent和Star-CD均为通用CFD软件，此类软件的优点是具有强大的模拟分析功能、广泛的专业应用范围，但初期建模过程相对较繁琐，其对使用者的专业知识和实践经验的要求较高[①]。

PHOENICS是世界上最早应用于计算流体力学和计算传热学领域的CFD软件，该软件的开发者是国际计算流体与计算传热的奠基人、英国皇家工程院院士D.B.Spalding教授。PHOENICS具有模型简单、计算能力强、求解速度快、易于得到模拟初期参数初值等特点，主要以低速热流输运问题为模拟对象，在单相流模拟和管道流动计算方面适用性较强。PHOENICS软件内置有零方程、标准k-ε、Realizable k-ε和RNG k-ε两方程

---

① 庄智，余元波，叶海，等. 建筑室外风环境CFD模拟技术研究现状[J]. 建筑科学，2014，30（2）：108-114.

等模型，能够对稳态或非稳态、可压缩或不可压缩的三维流动进行模拟。由于内嵌的计算模型考虑了黏性、密度及温度变化的影响，除了对流体流动、传热、化学反应、燃烧等常规问题进行求解外，该软件还可对非牛顿流、多孔介质中的流动现象进行模拟分析。基于PHOENICS丰富的计算模型和强大的计算能力，其在航空航天、船舶、汽车、能源动力、建筑暖通空调、城市环境、化工生产等各大领域有着广泛应用。PHOENICS Flair模块是由英国CHAM公司开发的一款服务于建筑暖通空调领域的专用CFD模块，主要用于计算室内外风热环境及舒适度，其在污染物扩散、火灾仿真模拟等方面也有较好的应用。新版本的PHOENICS在原有Flair模块的基础上增加了太阳辐射功能——Sun模块，能够方便地对城市热岛效应进行模拟。该软件的不足之处主要在于：①为保证计算收敛，其要求模型网格尽可能正交贴体；②由于模拟计算基于压力修正，因而高速可压缩流动问题的求解较困难；③相较于同类型模拟软件，其后处理功能还不够完善。近年来，由于该软件自身兼容性差、更新换代速度慢，加之高性能新兴模拟软件大量崛起，PHOENICS的发展受到了极大限制，目前在市面上应用得较少[①]。

　　Fluent自1983年问世以来，是CFD软件技术的领跑者，也是目前国际上应用最广泛的商用风环境模拟软件，拥有广泛的用户群。Fluent内置大量的物理模型，如传热、相变、辐射模型，湍流和噪声模型，化学反应模型，多相流模型。其中与传热问题相关的模型主要有壳导热模型、热交换器模型、可压缩流体模型、真实气体模型、湿蒸汽模型和汽蚀模型，能够解决绝大部分伴随传热的流动问题。相变模型可以追踪分析流体的溶化和凝固。太阳辐射模型采用一种光线追踪算法，通过模型内置的光照计算器，能够对光照及阴影面积进行可视化，显著降低了与气候分析相关的模拟难度。Fluent提供的湍流模型如Spalart-Allmaras模型、k-ω模型组和k-ε模型组一直处于商业CFD软件的前沿，随着Fluent将大涡模拟（LES）纳入标准化模块以及效率更高的分离涡模型（DES）被进一步开发，工业领域内的湍流问题和气动声学噪声问题也得以很好

① 翟建华. 计算流体力学（CFD）的通用软件[J]. 河北科技大学学报，2005，26（2）：160-165.

地解决。正是由于Fluent包含了准确而全面的物理模型，使得该软件具有较广的适用范围，从可压缩流到不可压缩流、从低速流到高超音速流、从单相流到多相流，但凡涉及流动、传热及辐射、化学反应、燃烧、流固耦合等与流体相关的问题均可利用Fluent得到解决。此外，使用者可根据具体研究的物理问题的流动特点，在Fluent中选择与之相适应的数值算法，以使模拟计算过程在求解速度、精确度和收敛性等各方面达到最佳。

Airpak是ANSYS Fluent软件下专为建筑领域工程师特别是暖通空调设计师而开发的用于建筑人工环境分析的一个子模块。Airpak能够对所研究的建筑通风系统中的热量传递、气体流动、空气品质、污染物扩散以及热舒适度等问题进行准确模拟。此外，该软件还能依据ISO 7730标准为使用者直接提供衡量建筑室内空气质量（IAQ）的三大技术指标——舒适度、PMV和PPD，这不仅使设计成本和设计风险显著降低，还大大缩短了设计周期，具有较广泛的应用。

Star-CD是全球第一款真正意义上通过生成非结构化网格对工业界复杂流动问题进行求解计算的通用CFD软件。Star-CD支持多类型网格生成技术，网格单元既可以是四面体、六面体、三棱柱，还可以是金字塔形的锥体和多面体，能够较好地适应复杂区域。Star-CD在不连续网格、滑移网格以及网格修复技术等方面，先后经过200名以上来自全球各地知名学者的不断完善与优化，具有较好的网格自适应性、计算稳定性和收敛性，已然成为同类型模拟软件中的佼佼者。Star-CD能够对移动网格进行处理，其差分格式除提供一阶迎风、二阶迎风、QUICK和CDS等常见格式，还包括一阶迎风与QUICK或CDS的混合格式。Star-CD自带的湍流模型包括RNG模型、标准k-ε模型以及k-ε两层变形模型，能够对稳态或非稳态、牛顿或非牛顿流体、亚音速或超音速、多孔介质以及多相流等流动问题进行模拟计算。因其强大的计算能力，Star-CD目前已被广泛地应用在航天航空、船舶、汽车工业、建筑与环境、能源与动力、化工生产、环境污染、旋转机械等各大领域[1]。

———————————

[1] 韩艳霞，金辉. 计算流体力学通用软件STAR-CD简介[J]. 甘肃科技，2005，21（9）：70-70.

WindPerfect是一款应用于建筑与城市规划领域的多性能三维热流体解析软件,其主要数学模型有零方程模型、标准k-ε模型、两方程模型、LES模型和DNS模型。WindPerfect内置网格生成模块,用户可通过拖拽或输入参数的方式对所生成的结构化网格进行调节;此外,软件还能自动根据风环境特征对网格进行局部加密,支持并行计算。WindPerfect在城市热岛以及建筑室内外通风模拟计算方面具有一定优势。

除上述介绍的软件,自然通风模拟分析还常用到CONTAM。CONTAM是由美国国家标准技术研究院(NIST)研发的一款多区域室内空气品质和通风分析计算软件。利用CONTAM能够计算建筑物气流速率和建筑物区域之间的相对压力,从而评估建筑物中的通风量,确定通风量随时间的变化,确定建筑物内气流的分布,以及估算相关气密性措施对渗透的影响。此外,CONTAM还能对室内空气污染物浓度进行预测。污染物浓度的预测不仅可用于确定拟建建筑物在建造和使用之前的室内空气品质,分析各种与通风系统有关的设计决策和建筑材料选择的影响,评估室内空气品质控制技术优劣,还能评估现有建筑物室内空气品质的好坏。此外,预测的污染物浓度也可用于估算基于现有使用模式的人员暴露概率。目前该软件已经广泛应用于烟气管理系统的设计与分析。

表1.2-1列出了常规的几款风环境CFD模拟软件,并对各自的功能及特点进行了对比。

常规的风环境CFD模拟软件对比　　　　　　　　　　　　　　表1.2-1

模拟软件 \ 对比项	应用范围	计算模型	网格特点	网格生成难易程度	运动网格功能	局部网格加密功能	网格构建在整个CFD模拟中的时间占比
PHOENICS	最早的计算流体与计算传热学通用软件,可对多个领域的流动和传热问题进行模拟计算,目前应用较少	零方程、标准k-ε、Realizable k-ε和RNG k-ε两方程等模型	内置网格生成模块,大多采用结构化网格	半自动生成,网格可微调	不支持	支持;针对对象的"虚体"来调整网格属性,属半自动加密	5%~10%

续表

模拟软件 \ 对比项	应用范围	计算模型	网格特点	网格生成难易程度	运动网格功能	局部网格加密功能	网格构建在整个CFD模拟中的时间占比
Fluent	目前应用最广的商用软件，计算功能十分强大，凡是涉及流动、传热和化学反应的物理问题均可利用其求解	涵盖CFD领域绝大部分数学模型，可选择范围广，对使用者的专业知识和实践经验要求较高	需要与专门的网格生成软件配合，支持绝大部分结构或非结构化网格，常采用分区过渡与局部加密相结合的网格格构建方法	比较复杂，需具备扎实的专业知识和熟练的网格划分技巧	支持	支持；需要精确的计算和调节，比较费时	20%~30%
Airpak	一款侧重建筑暖通空调领域的环境分析软件，能对建筑通风系统中的热量传递、气体流动、空气品质、污染物扩散等问题进行准确的模拟	零方程、标准k-ε和RNG k-ε两方程等模型	内置网格生成模块，大多采用结构化网格	半自动生成，网格可微调	不支持	支持；针对对象的"虚体"来调整网格属性，属半自动加密	5%~10%
Star-CD	全球第一款采用非结构化网格对复杂流动问题进行模拟的通用软件，广泛应用于航天航空、船舶、汽车、建筑、能源、环境等各大领域	一阶迎风、二阶迎风、QUICK、CDS以及一阶迎风与QUICK或CDS的混合格式，选择性较大，对使用者专业知识要求高	内置强大的网格生成模块，支持四面体、六面体、三棱柱、金字塔形锥体、多面体等多种网格类型，常采用分区过渡与局部加密相结合的网格构建方法	较为复杂，对专业理论知识和网格划分技巧要求较高	支持	支持；需要精确的计算和调节，比较费时	10%~20%
WindPerfect	应用于建筑与城市规划领域的多性能三维热流体解析软件，在城市热岛以及建筑室内外通风模拟计算方面具有一定优势	零方程、标准k-ε、两方程、LES和DNS等模型	内置网格生成模块，大多采用结构化网格	自动生成，既能用鼠标拖拽进行快速微调，也能通过输入参数实现精准调节	支持	根据风环境特征自动生成	1%~2%

1.2.2　光环境模拟分析工具

目前常用的建筑光环境模拟软件主要有Radiance、Daysim、Ecotect和WINDOW，这些光分析软件都可以针对室内静态光环境作出比较准确的模拟。

Radiance是美国劳伦斯伯克利国家实验室与瑞士洛桑联邦理工学院在20世纪80年代初开发的一套天然光模拟分析软件，采用蒙地卡罗反向光线追踪算法对光环境进行场景模拟，能够比较准确、客观地反映出天然采光效果。Radiance支持人眼、云图以及线图等高级图像处理功能，它能够十分方便地从计算图像中提取有效信息并对其进行综合处理。Radiance所采用的光线追踪技术是根据自然光、人工光以及物理材料的相关特性来建立场景模型，可对室内天然采光进行比较准确的模拟。凭借其出色的计算精度，Radiance现已成为自然采光模拟领域的权威，在视觉环境模拟方面越来越受建筑师和照明设计师的青睐。此外，利用Radiance还可进行昼光和电气照明分析，实现全年任何时刻的室内采光与光环境分布的模拟分析。目前该软件已在世界范围内得到广泛的应用[1]。

Daysim是一款基于Radiance蒙地卡罗反向光线追踪算法的全年动态光环境模拟软件，由德国弗劳恩霍夫研究所太阳能研究中心和加拿大国家实验室共同研发。Daysim采用的是Perez全天候天空亮度模型，能够综合分析直射光、漫射光和地面反射光在全年各种天空条件（晴、阴、多云等）下对室内天然采光的影响[2]。由于采用了Tregenza提出的日光系数法[3]，该软件还可以方便地计算出任意天空状态下的室内照度。Daysim可根据气候资料模拟全年动态光环境，包括评估天然采光系数、天然光自主参数和有效天然采光强度。Daysim允许用户模拟动态外墙系统，从标准百叶窗到先进的光重定

---

① 韩艳霞，金辉. 计算流体力学通用软件STAR-CD简介[J]. 甘肃科技，2005（9）：70-70.
② Y.J. Yoon, M Moeck, R.G. Mistrick, et al. How much energy do different toplighting strategies save?[J]. Journal of architectural engineering, 2008, 14（4）: 101-110.
③ P.R. Tregenza, I.M. Waters. Daylight coefficients[J]. Lighting Research & Technology, 1983, 15（2）: 65-71.

向元件、可切换的玻璃窗及其组合。在采光模拟分析方面，模拟者可通过Daysim对建筑物被占用时间、最低采光照明的照度以及照明和遮阳设备的控制模式等参数进行设定，以得到更加准确的结果[①]。利用Daysim进行天然采光模拟通常包括三个步骤[②]：第一步，建立场景的三维几何模型并定义材质；第二步，导入气象数据；第三步，进行模拟计算。虽然Daysim本身并不具备建模功能，但它提供了接口以支持其他CAD软件，在数据获取方面甚至还可以直接与EnergyPlus、eQuest和Trnsys等热模拟软件相连。

Ecotect是一款针对建筑环境性能进行全方位分析的辅助设计软件，具有友好的3D设计界面，提供了一种交互式的分析方法，只需输入一个简单的模型就能得到可视化分析图。Ecotect开发的3D建筑系统采用简单的建筑构件内在联系，具有直接、合理、灵活等优点，大大简化了复杂几何模型的创建过程，使软件自身的可编辑性得以增强。运用Ecotect可以迅速计算出照射到室外任何物体上的日光量，将之与总年度照射相结合便能够很好地确定太阳能电池板与遮阳板的最佳方向、最佳仰角和最佳位置。Ecotect还可以综合考虑室内与遮蔽状况计算出任何复杂形状下的采光系数（Daylight factor）。Ecotect的分析网格系统支持即时的3D可视化反馈，对于人工照明光源，Ecotect还支持使用者在空间内任何位置放置灯具、输入IES照明数据文件，利用这些功能可获得较为准确的人工照明光源输出分布。除了能够分析建筑的光环境性能外，Ecotect还能对室内热舒适性和声环境进行分析。由于具备良好的兼容性，使用者还可把Ecotect分析所得的数据进一步导出到更高级的照明分析软件或者更专业的建筑热环境分析工具中，从而进一步提升使用者的工作效率[③]。

WINDOW是由美国劳伦斯伯克利国家实验室开发的一款对窗系统光热性能进行模拟的软件，该软件数据库中收录了世界上大部分玻璃产品的物性参数，用户可根据自身需求从数据库中对相关参数进行选择。在WINDOW数据库中也提供了夹层气体及窗

---

① 吴蔚，刘坤鹏. 全年动态天然采光模拟软件DAYSIM[J]. 照明工程学报，2012，23（23）：30-35.
② C Reinhart. Tutorial on the use of daysim simulations for sustainable design[J]. Institute for Research in Construction，2010.
③ 张志勇，姜涌. 绿色建筑设计工具研究[J]. 建筑学报，2007（3）：78-80.

框等的参考数据，并且从WINDOW6.0开始，还建立了遮阳百叶的数据库，用户可容易地对各种百叶遮阳构造的窗系统进行分析计算。对于室外环境参数的设置，用户可以根据实际工程项目需要自行定义或者选择软件已有的环境参数。同时，WINDOW具备良好的兼容性，不仅支持从Optics中导入玻璃数据，从THERM导入窗框的计算结果，其计算结果也能导出到DOE-2、Radiance及EnergyPlus中，为其他分析软件提供计算参数。

表1.2-2列出了常见的光环境模拟软件的优缺点对比情况。

常见光环境模拟软件的优缺点对比　　　　　表1.2-2

软件名称	优点	缺点
Radiance	①开放的源代码，灵活性及拓展性强； ②可模拟人工光源，获得在人工光源辅助下的夜晚的室内光环境模拟结果； ③计算精度高	①没有交互界面； ②计算速度慢； ③易用性差，操作复杂，对使用人员要求较高
Ecotect	①良好的兼容性； ②开发了灵活、直接、合理的3D建筑系统，简化了复杂几何体的创建过程，使软件自身的可编辑性得以增强； ③可以直接读取Revit导出的gbXML和DXF文件格式模型并将部分数据返回给Revit[①]	①模型在BIM软件中的传递存在数据丢失的问题； ②不适用于双层幕墙、Trombe墙和环境出现较大变化的计算[①]
WINDOW	①输出结果可提供给DOE-2、EnergyPlus、Radiance，作为进一步模拟计算的参数； ②有庞大的玻璃数据库，使用者可以从中选择玻璃自由组合窗系统； ③仿真式渲染，模拟结果直观表现； ④精度高	①没有交互式界面； ②对使用者要求较高，不仅需要计算机方面的知识，还需要了解光学知识以设定大量复杂的参数

---

① BIM百科. Ecotect能耗分析好用吗？Ecotect能耗分析的优缺点[EB/OL]. (2020-12-04)[2021-04-18].
　http://www.tuituisoft.com/bim/18031.html.

1.2.3 热环境模拟分析工具

热环境模拟软件包含前文提到的PHOENICS和Fluent，二者既能对风环境进行模拟，也能应用于热环境的模拟分析。除此之外，ENVI-met、Airpak也是较为常用的热环境模拟软件。

ENVI-met是由德国的Michael Bruse等人[①]于1998年开发并不断改进的三维微气候模拟软件。软件基于CFD和热力学理论，可以模拟城市小尺度空间内地面、植被、建筑和大气之间的能量、动量及物质交换过程[②]，拥有良好的图形界面。ENVI-met提供太阳能接入分析模块，能在选定点进行长达一年的日照和遮阴模拟分析。它可通过持续性地分析热环境、植被或天气模式对流场的影响，估算出模型空间或建筑物立面上任何点的通风情况；而对建筑物外墙的热量和湿度传递进行高分辨率模拟，则可获得墙壁和室内温度的预测值。此外，ENVI-met还可生成"城市化"天气数据，用于建筑能耗模拟软件。相较于其他同类型模拟软件，ENVI-met的特点是引入了绿化对光、热、风、污染物等环境因子的影响，因而可对微气候影响因素进行综合性考虑。正是凭借着对太阳辐射与长波辐射、表面温度、空气温湿度、空气流场及污染物扩散等多方面的出色表现，ENVI-met在研究住区室外风环境、热岛效应、室内自然通风等城市微气候问题上有着广泛应用。

1.2.4 声环境模拟分析工具

目前常用的噪声模拟软件有SoundPLAN、Cadna/A和Sysnoise，可以进行室外噪声

---

① Bruse M，Fleer H. Simulating surface-plant-air interactions inside urban environments with a three dimensional numerical model[J]. Environmental Modelling & Software，1998，（13）：373-384.
② 杨小山，赵立华. 城市风环境模拟：ENVI-met与MISKAM模型对比[J]. 环境科学与技术，2016，39（8）：16-21.

计算、构件隔声计算、环境声传播计算、互动的噪声控制等优化设计。

SoundPLAN软件是1986年由Braunstein Berndt GmbH软件设计师和咨询专家颁布的用于噪声预测、制图及评估的专业软件，该软件功能强大，对于建筑物能进行建筑墙体透声计算和优化设计、成本核算、噪声污染评估，对于建筑外环境可以进行声传播计算及空气污染评估等。并且，SoundPLAN对于模拟分析对象的尺寸无任何要求，可以小到某一建筑或建筑群，也可大到一个城市。但是，基于该软件的算法特性，SoundPLAN在工业建筑中具有更广泛的应用。值得一提的是，SoundPLAN和AutoCAD可以实现数据互通，在AutoCAD中描绘的复杂地形及建筑物模型，可以直接导入SoundPLAN中，这将有利于在实际的工程项目中，缩短软件的建模时间。

Cadna/A（Computer Aided Noise Abatement）是一套用于计算、显示、评估及预测噪声暴露和空气污染影响的软件，可以进行工厂、公路、铁路、建筑以及整个城镇或市区的噪声分析。Cadna/A的一大亮点是其嵌入了大部分场景的预测标准，故如需对这些场景的噪声源进行预测时，仅依靠Cadan/A即可实现。功能全面、操作简单使得Cadna/A成为环境噪声预测领域的领先软件。

Cadna/A在软件开发时采用C/C++语言，故与Windows的办公软件（Word、Excel）、CAD画图软件及GIS数据库能够实现很好的兼容。同时，Cadna/A中存储了不同国家的标准，按照设定的国家计算和输出文件，并可根据用户需求，呈现出多样的等值线图和云图。

Sysnoise是比利时LMS公司开发的市场上最先进的声—振分析商用软件，首次将边界元运用到声学领域，可预测声波的不同传播特性（如散射、折射等），分析建筑结构对于声的相互作用的影响，计算声功率、声压等的声学响应。Sysnoise可以在同一时间创建数个模型，并且能够处理不同模型之间的耦合作用关系，其中由泡沫或吸收能量的材料组成的振动层状保温系统特殊模型也可在Sysnoise中实现。与上文提到的Cadna/A类似，Sysnoise也具备出色的后处理能力，也可将计算结果处理成用户所需的等值线图、声场中的响应函数曲线和各类向量图和云图；不仅如此，Sysnoise可以与其他有限元软件相互配合，在降噪方面对项目方案提出优化建议。

常见声环境模拟软件的优缺点如表1.2-3所示。

常见声环境模拟软件优缺点对比 表1.2-3

软件名称	优点	缺点
SoundPLAN	①适用于从小工厂到整个城市的噪声规划；②与AutoCAD有底层数据接口，可以通过直接导入AutoCAD文件而自动生成复杂的地形模型和建筑模型等，有效缩短建模工作时间；③采用扇面法，计算精确[①]	采用扇面计算法进行声学计算，随着计算距离的增加，扇面之间会出现"镂空区"，而且由于计算量较大，相对于射线计算法速度比较慢
Cadna/A	①功能全面、操作简单，可进行工厂、公路、铁路、建筑以及整个城镇或市区的噪声分析；②与其他的Windows™应用程序、CAD程序有很好的兼容性	计算采用声线法，物理精度略低于扇面法
Sysnoise	①可同时建立多个模型；②输出方便，可将结果一次性全部输出[②]	①版本较旧，计算相比新软件较慢；②该软件目前不再更新[②]

1.2.5 建筑能耗模拟分析工具

建筑能耗模拟分析工具主要包括美国的BLAST、DOE-2、EnergyPlus，欧洲的ESP-r，日本的HASP和中国的DeST等。伴随软件的更新升级，建筑能耗分析开始从建模到应用模拟过渡，不再是单一的理论研究，而是与实际的工程及项目结合，解决实际的工程问题[③]。

DOE-2由美国能源部和劳伦斯·伯克利国家实验室共同研发，第一版于20世纪70年代推出，但是随着美国能源部研发的新版建筑能耗计算工具EnergyPlus的推出，DOE-2

① 道客巴巴. 声环境模拟软件对比分析及Cadna/A运用总结[EB/OL]. (2017-05-29) [2021-04-18]. http://www.doc88.com/p- 0836357892427.html.

② Mr_Chi的博客. 关于Virtual Lab、Sysnoise和Actran的对比及前世今生[EB/OL]. (2016-10-29) [2021-04-18]. http://blog.sina.com.cn/s/blog_87ede83d0102xwmx.html.

③ 潘毅群，左明明，李玉明. 建筑能耗模拟——绿色建筑设计与建筑节能改造的支持工具之一：基本原理与软件[J]. 制冷与空调（四川），2008（3）：10-16.

在1999年停止更新。DOE-2通过四个步骤对建筑能耗进行计算[①]：首先是根据用户给出的室外空气温度计算建筑主体的建筑能耗；其次是系统计算，计算实际由空调系统承担的建筑冷热负荷；然后是建筑的能源需求，比如锅炉等消耗的能源，需要考虑设备及部件的效率问题；最后计算整个建筑能耗所需的费用，即进行经济性分析。采用DOE-2程序计算建筑能耗，要求输入以下主要参数数据：①气象数据；②用户数据（包括建筑描述、建筑室内热源散热引起负荷的情况、建筑物所用的采暖空调设备和系统的详细描述以及室内舒适环境条件的设定）；③建筑材料数据、围护结构构造数据。

EnergyPlus是由美国能源部和劳伦斯·伯克利国家实验室共同研发的一款建筑能耗模拟引擎，2001年推出第一个版本，通常被认为是在DOE-2及BLAST的基础上进行的改良和创新，所以与上述两款软件主要功能基本一样，主要是负责建筑能耗分析以及负荷计算，使用者需对EnergyPlus输入建筑设计信息以及建筑物场地环境信息，软件便能对建筑内外进行能源分析模拟，让设计者了解其设计的建筑物耗能状况。经过数据分析后，设计者得以修改其建筑设计，优化其耗能状况。EnergyPlus有以下几项功能：①整合式的分析环境，能源分析可以在多重条件下进行；②使用者可自定义时间来进行分析；③基于ACSII文字表示方式的天气资料以及输入、输出档案；④以3D几何为基础的建筑物描述方式；⑤使用热负荷分析方案，分析空调使用情况；⑥使用热传导模型，分析建筑物内、外部热传导状况；⑦模拟建筑物内的人员、各种设备之耗能状态；⑧使用Anisotropic sky model计算大气中影响日照于建筑上的状况；⑨建筑物开口与开窗所影响的通风、热能及照明分析；⑩日照所影响照明环境的分析；⑪分析建筑物所产生的废弃气体量。此外，EnergyPlus在工程应用方面具有很大的优越性，用户只需要输入一些参数及建筑的相关信息，就可以得到自己想要的负荷及能耗，所以只要用户输入的值准确无误，就可以得到与实际情况相符合的结果。

DeST由清华大学建筑技术科学系自主研发，包含Medpha气象模型、Ventplus自然通风模拟模块、基于AutoCAD的CABD图形化用户界面、BShadow建筑阴影计算模块、

---

① 李准. 基于EnergyPlus的建筑能耗模拟软件设计开发与应用研究[D]. 长沙：湖南大学，2009.

Lighting室内采光计算模块、BAS建筑热特性计算模块以及Scheme空调系统方案模拟模块。DeST的问世不仅为我国建筑环境的相关研究和建筑环境的模拟预测、性能评估提供了方便实用的软件工具，也为建筑设计及暖通空调系统的相关研究和系统的模拟预测、性能优化提供了可靠的软件工具。DeST第一版于2000年投入使用，这款工具的出现填补了我国建筑能耗辅助设计工具的空白。由于DeST具有建筑能耗设计所需的大部分模块，并且对于国内用户具有更易理解的快捷方式以及操作方法，因此该软件在我国及新加坡等地区得到了很好的应用及推广。

软件优缺点对比分析如表1.2-4[1]所示。

建筑能耗模拟分析工具优缺点对比 表1.2-4

软件名称	优点	缺点
DOE-2	出现较早，20世纪70年代推出并得到快速应用	①1999年停止更新； ②操作须经过专门培训，专业性强
EnergyPlus	①为SketchUp的一款插件，建模简单方便； ②经典能耗计算软件，适用于热舒适模拟以及太阳能系统模拟； ③相比DOE-2，EnergyPlus结构更加模块化，模块间连接关系更加清晰，便于与其他软件链接，或是添加新的功能模块； ④免费软件，可以用来对建筑的采暖、制冷、照明、通风以及其他能源消耗进行全面能耗模拟分析和经济分析	①不可识别SketchUp中的模型，需在插件内重新建模； ②对系统的处理能力偏弱； ③对暖通空调系统控制方式的模拟能力较弱，不够稳定
DeST	①国产软件，操作界面基于AutoCAD开发，基本操作与AutoCAD类似，使用便捷，我国及新加坡等地区接受度高、应用效果好； ②面向工程，操作简单； ③应用范围广，根据不同建筑类型的建筑特点推出了不同的使用版本； ④充分考虑了人的创造性和计算机强大的计算能力，并将两者有机地结合起来，在整个软件中贯穿了"全工况分析"和"分阶段模拟"的概念	软件内部没有逐时气象数据参考，对建筑能耗模拟的准确性造成影响

① 李准. 基于EnergyPlus的建筑能耗模拟软件设计开发与应用研究[D]. 长沙：湖南大学，2009.

1.3 绿色公共建筑性能化设计

1.3.1 绿色建筑发展概况

20世纪60年代，美籍意大利著名建筑师保罗·索勒瑞（Paola Soleri）把生态学（Ecology）和建筑学（Architecture）的概念综合在一起，提出了著名的"生态建筑"新理念，成为绿色建筑概念的萌芽。1992年，在巴西召开的"联合国环境与发展大会"首次提出了绿色建筑概念[①]。我国1986年拉开了建筑节能工作序幕，出台了《民用建筑节能设计标准（采暖居住建筑部分）》，要求通过增加墙体保温性能达到节能30%的要求。此后，1996年该标准进行修订，2001年出版《中国生态住宅技术评估手册》，2004年，中央经济工作会议提出大力发展节能省地型住宅，2005年印发《关于发展节能省地型住宅和公共建筑的指导意见》，我国建筑节能工作持续深入，建筑性能设计在常规设计的基础上重点关注节能效果。

与此同时，2004年9月，"全国绿色建筑创新奖"评选工作启动，正式掀开了我国绿色建筑发展的序幕。2006年，《绿色建筑评价标准》颁布实施，绿色建筑的定义及评价要求予以明确；2007年，《绿色建筑评价标识管理办法》印发；2008年，首批6个项目获得中国绿色建筑设计评价标识。

党的十八大以来，"创新、协调、绿色、开放、共享"发展理念引领绿色建筑进入快速发展阶段。2013年，《绿色建筑行动方案》发布，首次在国家层面明确了绿色建筑发展目标。与此同时，绿色建筑逐步从单体建筑走向城市，绿色生态城区建设开启新篇章。2014年，《国家新型城镇化规划（2014—2020年）》发布，明确提出到2020年我国城镇绿色建筑占新建建筑比重达到50%的发展目标要求。

---

① 周海珠，王雯翡，魏慧娇，等. 我国绿色建筑高品质发展需求分析与展望[J]. 建筑科学，2018，34（9）：148-153.

党的十九大对绿色建筑发展提出更高要求，高质量发展成为未来发展的重点方向。2020年7月，《绿色生活创建行动总体方案》《绿色建筑创建行动方案》先后印发，从绿色建筑设计标准、绿色建材使用、绿色建筑验收等多方面明确未来鼓励发展方向。结合技术进步及未来发展新趋势、新要求，新版《绿色建筑评价标准》GB/T 50378—2019颁布实施，以安全耐久、健康舒适、生活便利、资源节约、环境宜居作为评价指标体系，更加关注"以人为本"的建设理念，更加注重品质升级，推动绿色建筑性能深度提升。

1.3.2 绿色建筑性能集成分析工具概况

国内绿色建筑发展如火如荼，为适应绿色建筑对性能分析软件的更高要求，国内也出现了本土化的、功能更加集成的性能分析软件。除1.2节梳理的专业化性能分析软件之外，综合性分析工具包含如下。

（1）PKPM

PKPM是由中国建筑科学研究院有限公司研发的绿色建筑系列软件，包含绿色建筑方案与设计评价软件PKPM-GBS、建筑节能设计模拟软件PKPM-PBECA、风环境模拟分析软件PKPM-CFD、热岛效应模拟分析软件PKPM-HeatIsland、天然采光模拟分析软件PKPM-Daylight、室内外声环境模拟分析软件PKPM-Sound等。

其中，风环境模拟分析软件PKPM-CFD包含PKPM-CFDIn和PKPM-CFDOut两个模块，支持多核并行计算、贴体网格，支持《绿色建筑评价标准》《绿色工业建筑评价标准》《健康建筑评价标准》《既有建筑改造评价标准》等标准中的技术要求和计算方法。PKPM-CFDIn可计算室内风速、空气龄、换气次数等指标，PKPM-CFDOut可计算场地风速、建筑风压、窗口风压等指标。两者在完成绿色建筑室外风和室内风的模拟计算的基础上，可将建筑风环境量化、可视化，自动生成风速云图、矢量图、项目效果动态图等图形和报告书，并提供性能优化方案。天然采光模拟分析软件PKPM-Daylight支持建筑采光设计标准及绿色建筑标准的要求，支持我国建筑采光设计标准中平均采光系数算法，支持国际通用的Radiance逐点采光系数算法；可直接读取PBECA节能模型进行采光参数设计，无需重复建模；支持天正图纸、Revit模型等第三方模型导入，可设置周边遮挡建筑物，分析其对室内自然采光的影响。

PKPM的突出优势有以下几点：①紧密贴合标准：软件全面支持自动对标《绿色建筑评价标准》及各地设计、评价标准，也支持《健康建筑评价标准》中相关条文的计算方法；②操作简便：界面清晰，操作简单，将复杂的计算原理公式简化成直观的指标；③权威专业：根据绿色建筑标准、细则，以及其他相关规范的计算原理、公式进行计算，计算结果准确，得到广大专家的认可；④数据共享：与节能软件、绿色建筑施工图设计软件数据共享，减少重复填写的工作；⑤自动生成报告书：软件自动生成符合审查要求的计算报告书，过程详尽，结果清晰（图1.2-1）。

（2）绿建斯维尔

绿建斯维尔集成分析工具是由北京绿建软件股份有限公司开发，包含绿建设计GARD、能耗计算BESI、节能设计BECS、建筑通风VENT、住区热环境TERA、采光分析DALI、暖通负荷BECH、日照分析SUN、建筑声环境SIDU、室内热舒适ITES2020、

图 1.2-1
PKPM 集成软件模块
（以 V2.3 版本为例展示）
来源：软件截图

绿建评价系统GUPA等十一款软件。该软件的突出特点主要有以下几方面：①数据兼容性强，可以导入Revit、天正、PKPM、Sketchup、Rhino、3ds Max、Civil 3D、Gbxml格式的模型，无需重新建模，可以导出STL、Gbxml模型到EQUEST、Phoenics等软件连续计算，导入、导出功能强大；②可以按《绿色建筑评价标准》和各地地方评价标准自动生成计算书、报审表等结果文件，用于项目申报评审，效率高；③可以导入BIM模型，具有一模多算解决方案，可以完成绿色建筑全部指标分析计算，保证模型一致性，无需多次建模；④以AutoCAD为平台，保留建筑师已有操作习惯，易学易用，上手较快。

1.3.3　绿色建筑性能化设计现状及发展趋势

（1）设计现状

当前，建筑设计中存在忽视建筑使用功能、形式优先、与环境不协调等不恰当的设计方法，导致建筑设计中审美畸形、空间浪费，建筑建造及运行中效率低下、成本攀升；绿色建筑在运行阶段"不绿"的案例比比皆是。剖析原因，发现与目前大多数建筑在方案阶段忽视建筑节能、绿色规划有很大关系。当前，在建筑方案设计阶段，普遍存在以下情况：一是方案阶段没有能源环境工程师、设备工程师介入，建筑师往往过多关注美学、艺术、建筑寓意等元素，在方案完成后多是在初步设计或施工图设计中才开始考虑节能、绿色技术应用，这种情况直接导致了各专业不协调、设计变更频繁、重新模拟等问题，造成资源、时间的浪费，以及技术、需求的不匹配；二是虽在方案阶段引入了生态、节能、绿色设计理念，能源、设备工程师也以定性建议的方式参与方案设计，但建筑师与能源、设备工程师在对技术的理解、性能分析软件的选择运用方面存在偏差，结果仍是建筑的绿色节能性能不能充分体现。

针对上述两种情况，第一种需转变现阶段设计方式，打破惯性思维，需要建筑师从源头认识到方案设计阶段节能绿色设计的重要性，在常规设计中融入绿色节能理念；第二种需要打通专业壁垒，探索建立理性、科学、技术与美学相结合的创作逻辑与设计新方法，与此同时，开发基于设计新方法的性能化设计辅助工具，通过辅助工具应用促进设计理念更新、设计方法改变、设计流程优化。

（2）发展趋势

建筑方案设计阶段是建筑全生命期的源头，以科学、理性的创作设计理念结合有效的技术手段以形成一种设计新方法是未来绿色建筑设计创作方法论的有益探索。2017年8月，住房城乡建设科技创新"十三五"专项规划提出："形成环境性能目标导向的绿色建筑设计新方法和新工具，研发具有地域特征的绿色建筑整装成套技术和产品"。《绿色建筑评价标准》GB/T 50378—2019于2019年8月1日发布实施，传统的"四节一环保"体系修改为安全耐久、健康舒适、生活便利、资源节约和环境宜居五大方面，绿色建筑从"技术导向"向"性能导向"转变，"以人为本"理念更加突出。因此，未来绿色建筑设计应立足新形势、面向新需求、融入新理念，重点关注以下方向：

一是真正发挥建筑师的主导作用。转变绿色建筑设计工作模式，将传统的建筑设计中建筑师、专业工程师各司其职，设备工程师承担节能主要责任的流水线式工作模式，转变为多专业技术协同创新基础上的建筑师牵头的工作模式。以建筑师为主导，强化"空间节能优先"原则及要求，优化体形、空间平面布局，在此前提下，设备工程师实现"空间节能"语境下的介入与配合设计。

二是倡导前端设计与更开放的绿色建筑。打通专业壁垒，探索建立理性、科学、技术与美学相结合的创作逻辑与设计新方法。摒弃以往封闭空间导向下通过设备设施功效提升实现节能目标的做法，完成由传统的设备节能向建筑空间设计节能转变，推进"技术主导"向"设计主导""性能主导"转变。结合新标准要求，更加强调创造建筑的先天绿色基因。创作更开放的绿色建筑，倡导以更加开放的建筑设计减少建筑用能时间和空间，在设计中从提升建筑品质和使用者获得感出发，在前端设计即完成建筑性能的优化设计。

三是开发基于设计新方法的性能化设计辅助工具。绿色建筑设计涵盖建筑、结构、暖通、给水排水、电气等多个专业。在建筑设计中，涉及建筑节能设计、日照分析、室内外风环境模拟、室内天然采光分析、室外声环境模拟、室外热岛效应模拟、建筑构件噪声计算、遮阳分析及室内背景噪声计算等多方面内容。正是由于绿色建筑设计工作覆盖专业范围广、性能分析计算量大的客观特点，需要基于设计新方法，开发多元化、智能化、集成化融合发展的辅助工具，促进设计理念更新、设计方法改变、设计流程优化。

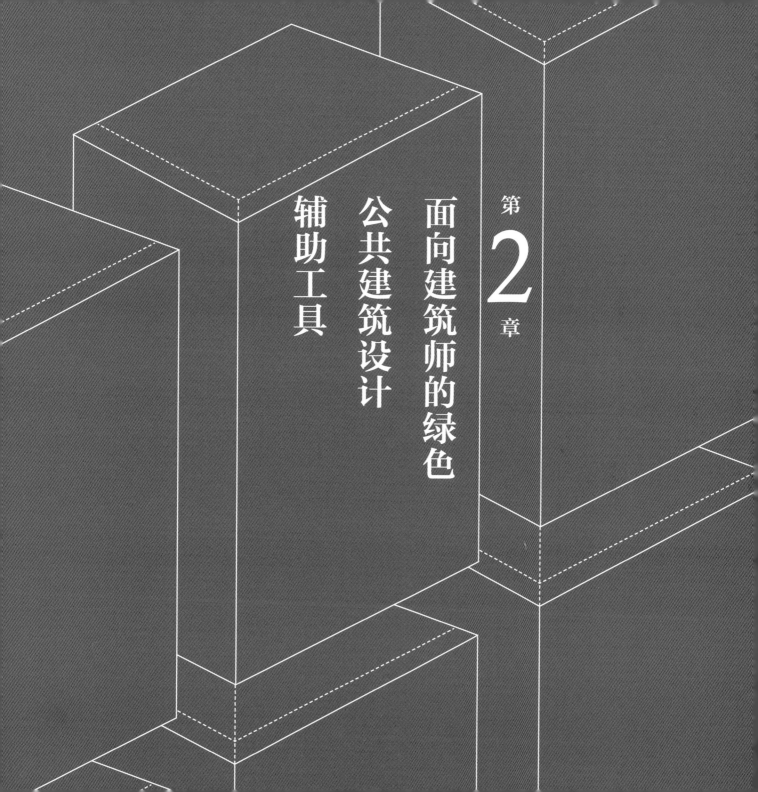

第 **2** 章

面向建筑师的绿色
公共建筑设计
辅助工具

2.1 气候适应型绿色公共建筑方案设计辅助工具

在建筑方案设计中，快速简单的建模和高显示度是建筑方案优化工具不断前进的方向。不同于AutoCAD的二维定量的性质和3ds Max复杂的操作，SketchUp直接面向建筑师，注重设计创作过程，其操作简单、即时显现等优点使它灵性十足。通过对来自二百多家设计院的306个建筑师的调研分析，可以发现约四分之三的建筑师在方案设计中使用SketchUp，并且近年来在建筑方案设计中的使用比例逐年上升，不断成为建筑师在方案设计阶段辅助工具应用的首选。同时，调研显示41.83%的建筑师认为在方案设计阶段就应考虑绿色性能分析（图2.1-1）。在未来绿色建筑要求不断提升的过程中，从建筑设计尤其是从方案起始阶段关注建筑绿色性能，将成为建筑设计的发展趋势；要求提供适合建筑师方案阶段进行建筑绿色性能分析的辅助工具的呼声也越来越高。

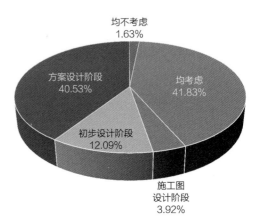

图 2.1-1　不同阶段性能分析调研统计

2.1.1 软件构建理念与架构

在以"绿色性能优化"为核心的气候适应性优化设计过程中，诸多因素都会对建筑绿色性能表现产生影响，而且它们之间的关系错综复杂，往往同时具有矛盾性和相互关联性，尤其在方案阶段，常常表现出模糊性以及不确定性，从而使得建筑师在优化方向和策略选择时，不可避免地出现主观性判断。

传统的设计优化流程为：首先提出形态性能气候适应性要求，建筑师根据要求，结合处理对象的功能特征，形成阶段性设计方案，然后根据既定评价方法，对这些方案进行气候适应性评价，根据评价结论建筑师思考下阶段优化方向。这一过程一般会在设计过程中多次反复，产生多余的重复性操作，从而降低工作效率。

为避免传统设计流程的上述弊端，理想的优化模式应是将适应性评价以某种方式植入形体优化的过程中，通过设计与评价的协同操作，由设计程序完成目标比较和内部寻优，建立建筑形体空间参数与气候适应性能之间的映射关系，并依托现代信息技术，通过有效的即时评价手段，帮助建筑师将气候适应性技术措施和方法植入设计过程之中，从而有效提高工作效率。为此，需要首先基于在形体空间设计控制要素与城市气候状况之间建立起的耦合关系——相互影响的内在规律和机制，通过将绿色公共建筑的关键性形体空间指标与最优化经验值进行比对，评估参评对象在其所处区域典型气候或微气候特征影响下，过热和过冷时段的蓄热、散热、保温、隔热等策略的有效性，从而提高建筑形体空间气候适应性水平。

在工具选择上，鉴于SketchUp平台在建筑方案设计中较高的普及度和灵活可扩展的特点，Sefaira、Moosas、gModeller等一系列绿色建筑设计的辅助软件的开发均基于该平台，以帮助建筑师在建筑设计过程中融入绿色基因，提升建筑绿色性能，表2.1-1列出了当前使用较多的绿色建筑设计辅助软件。然而在绿色性能分析中的建模上，基于SketchUp平台的现有分析工具，或需重新建模，或在方案早期阶段不易使用，属于传统的设计优化协助软件。

不同绿色建筑设计辅助软件的对比 表2.1-1

对比因素 \ 工具名称	Sefaira	Moosas	gModeller
开发者	Trimble	THU×PKPM	GreenspaceLive
模型识别	识别构件	识别构件	转换为gbXML和EnergyPlus模型
识别能力	较高	高	高
重建模型	按照规则识别，可能需要重新建模	按照规则识别，可能需要重新建模	转换的模型需符合规则
分析功能	能耗、采光、热舒适、暖通机组	能耗、采光、日照	节能、能耗
介入阶段	较早期	较早期	早期

基于上述问题和理想的建筑方案优化模式，气候适应型绿色公共建筑方案设计辅助工具（以下简称APD@SKP）被开发，将绿色公共建筑方案设计与建筑绿色性能分析有效结合，尽量简化软件建模步骤，满足建筑师的使用习惯和建筑设计分析需求，转变传统建筑方案设计模式，提升建筑设计效果，实现建筑性能优化，确保绿色公共建筑理念的有效落实。图2.1-2是APD@SKP的整体架构，包括了平台层、基础数据层、核心计算层以及具体业务层。基于建筑师使用习惯，该软件基于SketchUp实现，让建筑师在原有工具的基础上轻松获取建筑设计关键参数。

对于图2.1-2的软件架构，基础数据层建立了脱离业务层的数据结构，包括用户识别的模型数据、楼层信息数据、多方案数据、项目信息数据和其他数据。核心计算层用于完成各种气候适应性指数和技术经济指标的计算。其中，气候适应性指数包括形体空间密度、场地导风率、外表面接触系数等；技术经济指标包括建筑面积、外表面积、建筑体积、基底面积、容积率等数据。考虑到SketchUp使用ruby语言开发，而ruby

图 2.1-2　APD@SKP 软件架构图

语言是解释性语言，在效率上相对较慢，所以使用C++语言实现较为复杂的指标和指数的计算。具体业务层基于平台层、基础数据层、核心计算层提供的功能，进行业务逻辑的实现，包括设置项目信息、识别模型、楼层划分、多方案设计、气候适应性指数的展示以及技术经济指标的展示。

2.1.2 模型信息快速提取功能

建筑师能够使用该辅助工具对SketchUp中建立的建筑方案直接进行数据提取和计算，实现建筑数据与性能分析数据的连接和交互，避免了在绿色性能分析中为了数据兼容性问题的反复建模。软件基于SOLID规则识别非嵌套组件模型，可分别识别场地、建筑模型，如图2.1-3和图2.1-4所示。其中，识别场地可帮助建筑师判断建筑体量与周边环境的关系；识别建筑模型之后可对建筑进一步设置楼层参数，该参数组实时响应建筑高度、楼层编辑，并支持对楼层面积进行公式修正。

除基于SketchUp外，针对建筑师在其他软件中进行方案设计时绿色性能分析需求，APD@SKP同样提供协同途径。通过引入中间层概念，在AutoCAD、PKPM-BIM、

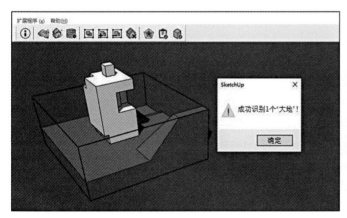

图 2.1-3　软件对场地的快速识别
来源：软件截图

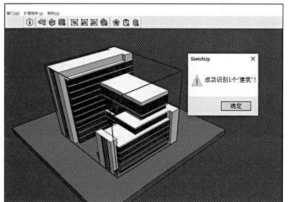

图 2.1-4　软件对建筑模型的快速识别
来源：软件截图

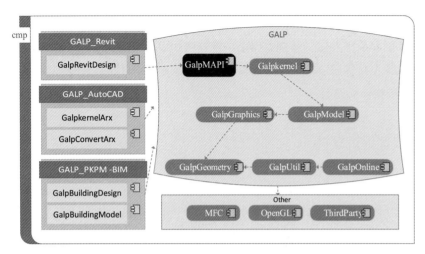

图 2.1-5　APD@SKP 多平台系统交互方式

Revit、PKPM-PC/PS等不同设计平台接入相关模块，对各建筑设计工具的基本几何单位进行重新定义，创建本平台的建筑、房间、墙、窗等自定义实体，实现多种建筑设计工具与绿色性能分析的数据链接和信息交互。图2.1-5为APD@SKP的系统交互方式。

2.1.3 表面日照分析功能

利用自然光节约照明能耗是对自然资源有效利用的一种广泛而成熟的技术。建筑的形体与空间分别代表了建筑的"实"与"虚"的两种存在方式，相互依存、不可分割，建筑形体不仅是其内部空间的反映，又与周边环境要素共同构成建筑的外部空间形态。如在相同的建筑面积条件下，高层建筑比多层建筑有更多的表面积可以接受太阳辐射。高层建筑组团与多层建筑组团相比，虽然其建筑日照间距的高宽比有所缩减，但整体的太阳辐射量仍远大于多层建筑组团[1]，如图2.1-6所示。

---

① 李京津. 基于"日照适应性"的城市设计理论和方法[D]. 南京：东南大学，2018：39-40.

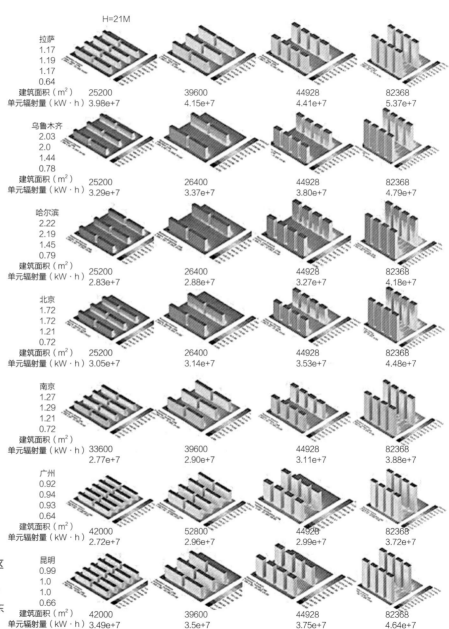

H=21M

拉萨				
1.17				
1.19				
1.17				
0.64				
建筑面积（m²）	25200	39600	44928	82368
单元辐射量（kW·h）	3.98e+7	4.15e+7	4.41e+7	5.37e+7

乌鲁木齐				
2.03				
2.0				
1.44				
0.78				
建筑面积（m²）	25200	26400	44928	82368
单元辐射量（kW·h）	3.29e+7	3.37e+7	3.80e+7	4.79e+7

哈尔滨				
2.22				
2.19				
1.45				
0.79				
建筑面积（m²）	25200	26400	44928	82368
单元辐射量（kW·h）	2.83e+7	2.88e+7	3.27e+7	4.18e+7

北京				
1.72				
1.72				
1.21				
0.72				
建筑面积（m²）	25200	26400	44928	82368
单元辐射量（kW·h）	3.05e+7	3.14e+7	3.53e+7	4.48e+7

南京				
1.27				
1.29				
1.21				
0.72				
建筑面积（m²）	33600	39600	44928	82368
单元辐射量（kW·h）	2.77e+7	2.90e+7	3.11e+7	3.88e+7

广州				
0.92				
0.94				
0.93				
0.64				
建筑面积（m²）	42000	52800	44928	82368
单元辐射量（kW·h）	2.72e+7	2.96e+7	2.99e+7	3.72e+7

昆明				
0.99				
1.0				
1.0				
0.66				
建筑面积（m²）	42000	39600	44928	82368
单元辐射量（kW·h）	3.49e+7	3.5e+7	3.75e+7	4.64e+7

图 2.1-6
不同气候区典型城市多层与高层街区形态的建筑太阳辐射得热比较
来源：李京津. 基于"日照适应性"的城市设计理论和方法[D]. 南京：东南大学，2018：39-40.

　　更多的建筑形态和地域气候特点表现出的日照接收水平千变万化，因此在绿色建筑的地域气候方案设计中有必要进行建筑表面日照分析，以辅助建筑师提升方案的节能效果。传统的Ecotect、天正等软件可以实现日照分析功能，但其需要在软件内部独立建模，显然难以满足方案优化阶段建筑师对方案快速、灵活的性能分析需求。因此，APD@SKP开发的目标即为通过对上节所述的模型信息快速提取，直接进行日照分析。

　　APD@SKP日照分析工具内置气象数据库和专业参数数据库（如内饰面、窗体材料、植物参数等），可根据项目所在地，读取城市相关气象数据、光气候区等，实现边界条件快速设置。APD@SKP采用结构化网格，根据模型复杂程度进行自动局部加密，并在保证网格划分符合性能模拟分析要求的前提下，减少网格总数量，从而缩短计算时间，解决网格精度与计算时间的痛点，降低分析计算门槛。如图2.1-7为APD@SKP某日照分析中采用结构化网格划分实例。

　　APD@SKP能够帮助建筑师实现即绘即模拟的想法。当建筑方案完成后，建筑师可以自行定义扫掠角约束、分析日期时段、可计入的最小连续日照时间、时间统计方

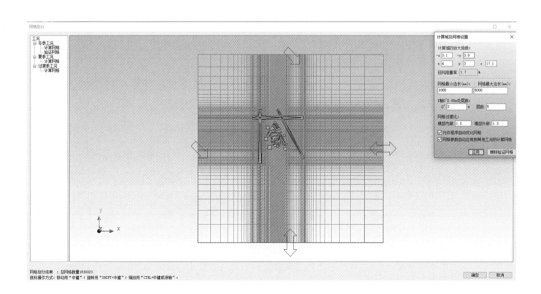

图 2.1-7
APD@SKP 日照分析
中采用结构化网格划分
来源：软件截图

式、采样点间距等基本参数，通过聚焦于特定分析时段，极大提高日照分析效率。当项目地形复杂，影响日照效果时，建筑师可以进行地形表面与建筑立面综合分析，同时也可以集中注意力于需要关注的表面。图2.1-8 ~ 图2.1-10为软件的模型选择与日照分析结果界面。

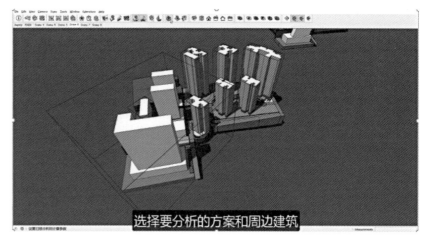

图 2.1-8
APD@SKP 日照分析模型选择
来源：软件截图

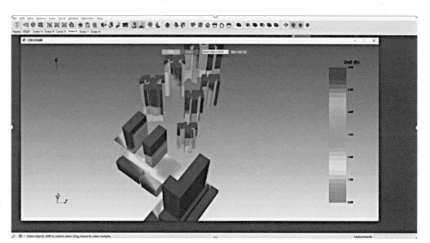

图 2.1-9
APD@SKP 建筑群日照分析结果展示
来源：软件截图

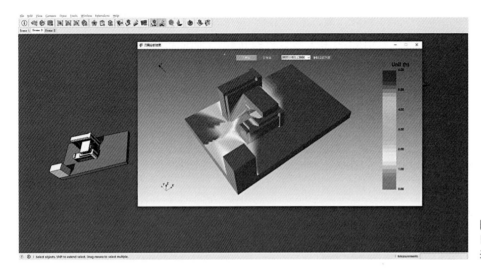

图 2.1-10　APD@SKP 单栋建筑
日照分析结果展示
来源：软件截图

2.1.4 气候适应性评价与多方案比对

　　建筑形态设计遵循地域气候特点是建筑设计的普遍法则，而我国地域辽阔，不同地区气候差异巨大，建筑师在不同城市、地区进行绿色建筑设计时面临巨大挑战。在绿色公共建筑设计过程中应当考虑众多因素，包括太阳辐射、温湿度、降雨量、风速等众多气候因子，这些气候因子影响着建筑设计的不同方面。建筑师需要更直观的方式，可以在建筑设计时进行直接的设计参数参考，以简化绿色设计的过程，使建筑设计与绿色设计达到更好的融合。

　　为了更好地辅助建筑师在方案阶段对建筑的绿色性能进行评价，并指导建筑师不断迭代出更加具有地域气候适应性的绿色建筑，除一般的建筑面积、容积率等技术经济指标外，设计辅助工具还应提供合适的气候适应性评价参数及合理阈值，并根据建筑方案模型自动计算出对应的参数取值，通过将该值与合理阈值进行比较，指导建筑师对方案进行优化。然而，纵观以往研究成果，大多数成果并不能直接应用到建筑师的建筑设计过程中，仅是定性的建筑形体参数与节能的关系曲线或者函数表达式，可

温湿度
- 复合绿化率
- 外表面接触系数
- 缓冲空间面积比
- 窗墙面积比

- 场地遮蔽/暴露度
- 最佳日照朝向面积比
- 外区体积比
- 外遮阳系数

日照

- 场地密集/离散度
- 最佳迎风向面积比
- 空间透风度
- 可开启面积比

风

图 2.1-11 绿色公共建筑设计的气候响应指标

参考操作性不强，制约了绿色建筑创作实践的发展，这也是多数国内研究机构与设计机构分离所导致的结果。

针对以上问题，APD@SKP明确了在建筑场地布局、形体、空间、界面方面对温湿度响应、日照响应、风响应的主控要素，形成了绿色公共建筑设计的机理矩阵（图2.1-11）。如针对温湿度响应的主要指标有复合绿化率、外表面接触系数、缓冲空间面积比等；针对日照响应的主要指标有场地遮蔽/暴露度、最佳日照朝向面积比、外区体积比等；针对风响应的主要指标有场地密集/离散度、空间透风度、最佳迎风面积比等指标。软件在不断的更新升级中逐渐将各项指标涵盖在内，以下以外表面接触系数为例进行介绍。

对于围护结构参数相同的建筑，建筑热负荷对体形系数较为敏感，且随着气候区供暖季平均气温的降低，敏感程度上升。在实际的模拟分析中发现，这样的一般性规律也不尽然，随着建筑层高的增加，建筑体形系数减小，但是由于建筑外表面积增加，建筑负荷反而升高。可见，体形系数这一参数并不能很好地反映出建筑通过外围护结构与周围环境相互影响的机理。考虑到体形系数存在一定的不合理性，以建筑面积和外表面积的关系为参考点，提出新的技术指标——外表面接触系数，其定义为建筑外表面积与建筑总面积的比值。建筑外表面积包括建筑立面展开面积、建筑屋顶面积以及架空底面面积。

外表面接触系数避免了涉及建筑层高时体形系数所存在的问题，比体形系数更能准确反映建筑物的热工性能。外表面接触系数增大，单位面积建筑暴露在空气中的外表面积增大，加剧了建筑通过围护结构与外界环境热量交换过程。普遍情况下，外表面接触系数增大会导致建筑冷热负荷的增加，其对建筑热负荷的影响程度更大。但如果建筑内部热扰过大导致建筑的散热需求或得热需求发生方向性改变，外表面接触系数对于建筑负荷的影响方向也会随之改变。如深圳建科大楼，较大的外表面接触系数能够将内部产生的热量快速传至外界（图2.1-12）。

对建筑方案进行评价过程中，一般性技术经济指标同样不可或缺。APD@SKP的优势在于，当建筑师建立特定方案后，软件能够同步计算并展示出该方案的技术经济指标，包括建筑面积、计容建筑面积、基底面积、建筑密度、容积率等。容积率指的是总建筑面积与总用地面积之比，是衡量建筑容量强度的指标，不受建筑形态与组合方式的影响。当建筑容积率增大时，由于保持建筑密度不变，建筑高度增加使得区域内气流的流动阻力增大，最终导致街区内热量不易扩散，局部气温上升，因此单位建筑面积向室内所需投入的冷量更大，相应单位建筑面积空调冷负荷也增大。关于其他一般性技术经济指标在建筑方案优化阶段的作用已有大量文献资料，本书不再赘述。

气候响应性评价指标的合理阈值通过多地典型气候类型、多项目的测试和计算获得。实施过程中，建筑师在特定方案形成后直接通过软件分析、计算获得方案的各参数值。软件自行与建议的阈值范围进行匹配，对超出阈值范围的指标突出显示，同时给出系统性优化建议。这是指导建筑师完

图2.1-12 深圳建科大楼
来源：http://www.ikuku.cn/wp-content/uploads/user_upload/907/43632/1405082895417687-818x1002.jpg.

成建筑绿色方案设计的第一步，而反复迭代的优化过程是确定最终方案的必要程序，因此，第二步即是将每一步方案优化过程中的技术经济指标和气候适应性评价结果记录下来，通过纵向比对，指导建筑师朝着技术经济性能和绿色性能提升的方向对方案进行调整，避免设计中出现南辕北辙。

在APD@SKP中，建筑师可以组织或组合不同的建筑与场地，通过软件将其识别为若干组方案并进行技术经济指标和气候适应性指标的计算和对比，对应给出优化建议，指导建筑师调整优化方向。图2.1-13所示为某中学基于APD@SKP的经济技术指标和气候适应性指数比对实现方案演化的过程，该项目总用地面积约9470m^2，夏季主导风向西南风，通过指标比对，确定方案最终形态。

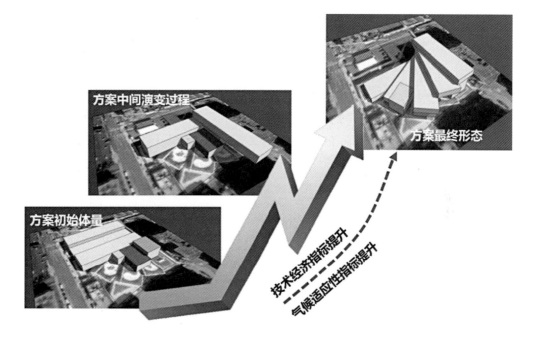

图 2.1-13
基于 APD@SKP 的技术经济指标和气候适应性指数比对实现方案演化
来源：软件截图

2.2 面向建筑布局的场地微环境分析工具

2.2.1 场地微环境分析工具开发综述

　　建筑室外环境中最重要的是风环境和热环境，室外微环境模拟是对改善室外风环境、优化建筑布局、降低城市热岛进行的模拟、预演，模拟技术是提高设计能力与水平的重要手段。目前我国使用的大部分绿色建筑分析软件为外国公司研发的商业软件，包括Stream、Fluent、Phoenics等，国内自主研发的风环境、热环境模拟软件尚没有获得业内广泛认可。针对以上问题，进行了以面向建筑师和建筑设计过程为导向，可快速交互的建筑气候适应型绿色公共建筑微环境设计分析工具的开发。主要解决的问题包括：建筑微环境设计的辅助工具，实现设计参数推荐、性能优化等功能，提升设计效率保证气候适应型绿色公共建筑理念的落实；结合我国地域气候特点的下垫面物性参数，建立适用于建筑师工作习惯的计算分析系统架构。基于以上思路，开发可靠性高、受用性好、可快速交互的地域气候适应型绿色公共建筑微环境设计分析工具，通过场地微环境模拟，指导建筑师进行场地优化，实现真正的正向设计。

面向建筑布局的场地微环境分析工具的架构包括平台层、业务层、内核封装层、后处理层，如图2.2-1所示。平台层，采用BIM理念的多源异构数据融合技术，通过建立针对不同设计软件、设计文件的数据接口，实现了一模多用、公共数据的互通，能够识别CAD二维图纸，支持SketchUp平台，读取天正、PKPM、斯维尔、Stl、Revit模型等；业务层，通过建立典型城市的气象数据库，建筑、水体、草坪等物性数据库及围护结构材料数据库，根据模型信息及项目所在地自动匹配对应的参数，能够实现快速

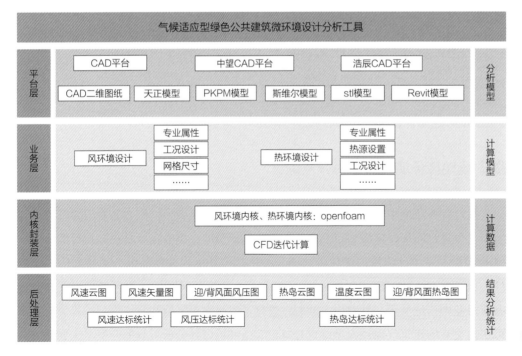

图 2.2-1　软件设计架构

导入计算模型所需要的边界条件及参数；内核封装层，基于开源的OpenFOAM开发相关求解器，针对绿色建筑行业特点进行封装并二次开发，通过输入计算模型，得到对应的计算数据；后处理层，解决的重点问题是数据格式和自动化处理，基于开源数据处理工具VTK，实现对计算数据的可视化处理，并根据标准要求对风速云图、热岛云图、温度云图、风压图进行分析统计。

　　面向建筑布局的场地微环境分析工具主要操作流程为建立模型、专业设计、计算分析配置、模拟计算、结果分析5个步骤，各操作流程及对应的子流程如图2.2-2所示。

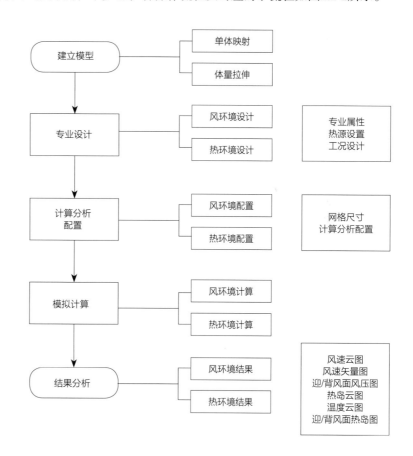

图 2.2-2　操作流程

2.2.2 场地微环境模拟场景分析

　　室外风环境和热环境关系到人们在室外的活动感受和健康舒适性，同时又影响着建筑室内环境品质及建筑节能效果。对室外风环境和热环境的改善，能够降低场地的热岛强度，保障场地内夏季空气流通、冬季风速适宜，让使用者感受到绿色建筑带来的健康舒适。基于绿色建筑方案软件和国内绿色建筑设计理念，为建筑师提供直观的量化数据与依据，对项目的设计和运行效果进行预测、分析和评价，指导并优化建筑方案。

　　模拟分析建筑场地风环境和热环境对建筑设计指导十分有必要，《绿色建筑评价标准》GB/T 50378—2019中有关场地风环境和热环境的条款均要求进行模拟评价和优化分析（表2.2-1）。

《绿色建筑评价标准》GB/T 50378—2019中对场地风环境和热环境模拟及评价要求　　表2.2-1

指标	条款及内容	模拟及评价要求
风环境	8.2.8场地内风环境有利于室外行走、活动舒适和建筑的自然通风	①在冬季典型风速和风向条件下，建筑物周围人行区距地面高1.5m处风速小于5m/s，户外休息区、儿童娱乐区风速小于2m/s，且室外风速放大系数小于2，是不影响人们正常室外活动的基本要求；除迎风第一排建筑外，建筑迎风面与背风面表面风压差不大于5Pa，减少冷风向室内的渗透； ②在过渡季、夏季典型风速和风向条件下，提高室外散热和污染物消散能力，场地内人活动区不出现涡旋或无风区；改善建筑自然通风效果，50%以上可开启外窗室内外表面的风压差大于0.5Pa
热环境	8.1.2室外热环境应满足国家现行有关标准的要求	项目规划设计时，要充分考虑场地内热环境的舒适度，采取有效措施改善场地通风不良、遮阳不足、绿量不够、渗透不强等一系列问题，降低热岛强度，提高环境舒适度
	8.2.9采取措施降低热岛强度	①利用绿植的遮阴特性与蒸腾作用，减少太阳光对于地面的直接热辐射量，降低环境温度，增加空气湿度，提高场地中处于建筑阴影区外的步道、游憩场、庭院、广场等室外活动场地设有乔木、花架等遮阳措施的面积比例； ②不同铺装材料对太阳辐射的反射率也不同，应降低太阳辐射吸收系数，铺装地面外表颜色宜以浅色调为主，避免过大面积的深色地面铺装，《标准》要求场地中处于建筑阴影区外的机动车道，路面太阳辐射反射系数不小于0.4或设有遮阳面积较大的行道树的路段长度超过70%； ③屋顶绿化对室内外环境具有十分明显的降温和增湿效果，还能够降低屋顶外表面的平均辐射温度，进一步改善热环境，《标准》要求屋顶的绿化面积、太阳能板水平投影面积以及太阳辐射反射系数不小于0.4的屋面面积合计达到75%

（1）场地风环境设计

面向建筑布局的场地微环境分析工具可辅助建筑师快速完成室外场地风环境的性能分析。风环境模拟模块是基于OpenFOAM开发相关求解器。其预设的环境和执行标准更符合我国国情，模拟结果更贴近实际情况，且专门为风环境模拟而设计的，针对性更强。该模块支持室内外联立，支持多核并行计算、贴体网格，根据标准的要求自动生成场地风速、建筑风压、窗口风压、动态视频等，并自动判定风场优劣及达标情况。

通过分析工具可以对建筑物单体进行模拟，得到建筑物在不同风向下的风场和风压力，也可以对建筑群进行模拟，得出风场在建筑群中的分布情况；了解到场地漩涡分布、压力梯度，以及建筑物布局、景观配置、开口位置等对风场的影响等一系列的问题；并能较好地预测复杂建筑物的周围流线和表面平均风压的分布情况，模拟结果可靠。该工具通过风洞实验室的性能测试，与风洞试验检测结果的误差在10%以内。

1）自动读取气象数据

分析工具根据项目所在地区的基本信息，能够自动读取项目所在地的气象数据，若有特殊需要，可以自定义参数。可以对冬季、夏季、过渡季分别设置风速风向（图2.2-3、图2.2-4）。

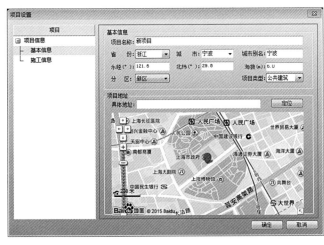

图 2.2-3　工况设计——项目信息
来源：软件截图

图 2.2-4　工况设计——自动读取气象数据
来源：软件截图

2）计算专业

计算分析配置可根据实际情况，调整项目环境类型、湍流模型、计算精度、迭代步数以及其他判断相关的参数，包括风速过大判断、无风区判断、建筑及窗口压差判断（图2.2-5）。同时支持多核并行计算，提高计算效率（图2.2-6）。

3）支持室内外联立

分析工具支持室内外联立求解，单体模型可直接拼装成建筑群区域模型，室外风模拟结果可自动联立导入用于室内自然通风模拟（图2.2-7），提高计算效率。

4）自动划分网格

网格划分时，软件会根据模型情况自动划分符合《民用建筑绿色性能计算标准》JGJ/T 449—2018的相关要求，可以对网格的计算域范围、网格尺寸进行修改。软件可根据模型构件尺寸自动划分网格并局部加密，支持贴体网格，避免结果分析云图的边缘锯齿化（图2.2-8）。

图2.2-5
计算分析配置——专业的环境类型及湍流模型
来源：软件截图

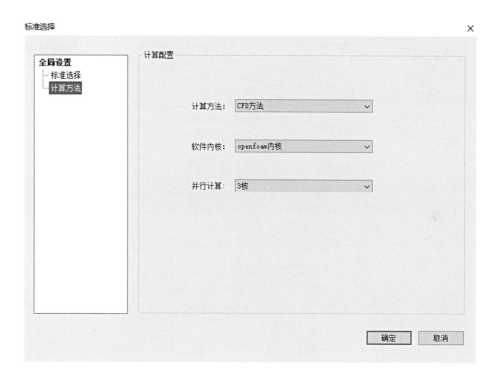

图 2.2-6
支持多核计算
来源：软件截图

图 2.2-7
支持室内外联立

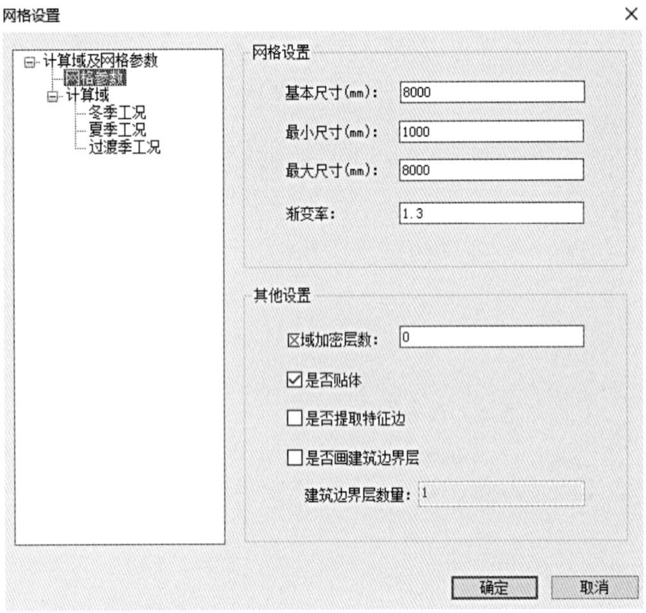

图 2.2-8
网格划分——支持贴体网格
来源：软件截图

（2）场地热环境设计

热环境计算同样是内核基于OpenFOAM进行封装并二次开发，采用《城市居住区热环境设计标准》JGJ 286—2013要求的集总参数法，通过输入计算模型，得到对应的计算数据，能够考虑到空气和土壤间的水热交换，模拟绿化、道路材料等对环境的影响，适用于在建筑的形体及分布确定后对周围环境的规划模拟，可协助植物、道路材料等的选择；具有自动识别模型中的建筑、绿化等体量，显示三维日照阴影图、日照阴影等时线图等功能，根据标准的要求计算平均热岛强度、湿球黑球温度等，并自动统计达标情况。

1）气象参数自动识别

分析工具内置全国各省市区气象参数，根据城市自动匹配设置，提供当地太阳辐射直射强度、太阳辐射散射强度、主导风向、风速大小、空气温度及其他参数等（图2.2-9）。采用集总参数法，快速统计场地各项参数，计算速度快、结果准确。

图 2.2-9
自动识别气象参数
来源：软件截图

2）不同绿植属性设置

绿色植物有增加湿度、降低温度的作用，其通过蒸腾作用把根系从土壤中吸收的水分散发到空气当中，提高空气的湿度。同时，绿色植物，特别是乔木，其树冠表面的叶子可吸收70%左右的太阳光，将20%的太阳光反射回去，透过树冠的太阳光线只有10%左右，具有明显的降温功能，从而起到对"城市热岛"现象的抑制和改善作用。同时考虑到绿植的叶面积密度会对风环境、热环境产生影响，工具可对绿化名称、类型、叶面积密度进行设置（图2.2-10），模拟结果更真实。

3）不同实体热源设置

可针对不同实体设置发热量。城市内拥有大量锅炉、加热器等耗能装置以及各种机动车辆，这些机器和人类生活活动都消耗大量能量，大部分以热能形式传给城市大气空间，大量热量的聚集，是出现"城市热岛"现象的主要原因。在进行热源设置这一环节当中，用户需要设置建筑、水体、道路、高架桥、铁路、路堤、广场、设备、停车场等实体的发热量。实体热源设置界面如图2.2-11所示。

图 2.2-10
绿植属性设置
来源：软件截图

图 2.2-11
热源设置
来源：软件截图

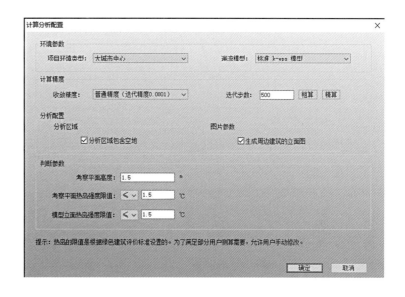

图 2.2-12
计算分析配置
来源：软件截图

关于发热量的说明：不同的实体类型，其实际发热量不同，比如，绿化植物相对于建筑来说，在白天的加热速率较低，在夜间的冷却速率较高，可以有效缓解由太阳辐射带来的热量，从而引起热环境很大的改变。在分析工具中，实体发热量缺省设置为0W，用户应根据实体实际发热量手动修改。

4）热环境配置

热环境配置主要由计算分析配置、网格划分组成。可根据实际情况，调整项目环境类型、湍流模型、计算精度、迭代步数以及其他判断相关的参数，包括考察平面高度、考察平面及立面热岛强度限值（图2.2-12）。

2.2.3　模拟结果设计反馈

以绿色建筑设计理论为指导，充分利用好建筑风环境、热环境模拟技术，能够很好地为绿色建筑构思、建筑布局、建筑形体、景观等前期设计提供客观、科学的评判和优化依据。由场地微环境分析工具在较短时间内完成模拟分析，并将模拟结果形象地表示出来，使得模拟结果直观，易于理解。通过工具对不同的建筑方案进行对比分析，反馈建筑场地设计，从而有针对性地调整优化，使得建筑具有更合理舒适的室外微环境。工具的使用，有利于在建筑进一步深化的过程中，在工程方案阶段调整建筑布局，有效预测并且优化场地微环境，践行绿色公共建筑的理念。

（1）风环境结果

风环境模拟软件可以提供风速云图、风速矢量图、迎/背风面风压图、窗口风压等的评价结果，并以图表形式显示，清晰明了，通过点击调整图片按钮，还可以调整色卡的最大值和最小值，让建筑师对室外风流动情况一目了然（图2.2-13）。分析工具可根据计算结果自动统计是否达标，提供达标示意图，给出文字性结论。

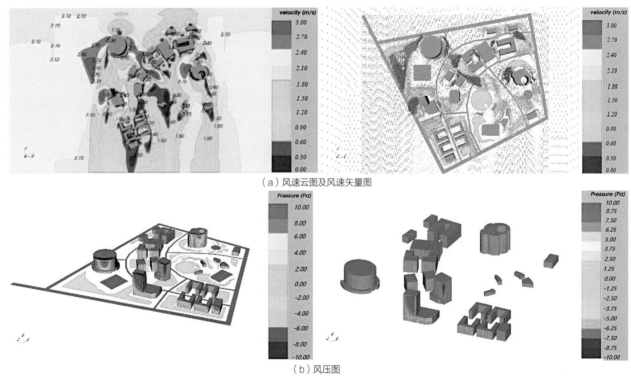

（a）风速云图及风速矢量图

（b）风压图

图 2.2-13　风环境结果

通过工具的模拟结果，可以对冬季、夏季和过渡季的风速、风压、矢量图进行查看统计，并根据结果对设计进行优化，从而达到冬季防风（考察风速及风速放大系数）及夏季、过渡季通风（迎/背风面风压差及风速矢量）的效果。当室外风场不理想时，软件可提供优化建议，作为设计改善时的依据和方向。可以通过调整建筑布局及场地景观绿化等方式，优化场地风场，从而实现通过模拟结果指导优化绿色公共建筑风环境的目的。

（2）热环境结果

1）可视化结果输出

分析工具可以生成三维阴影图、场地阴影等时线图、热岛强度达标图、温度云图等评价结果示意图（图2.2-14）。分析结果以图表形式显示，可直接识别场地的温度分

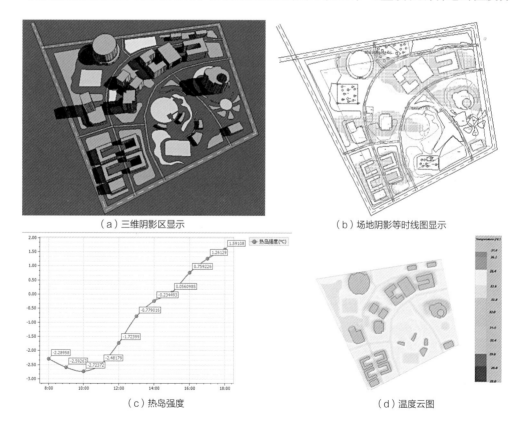

（a）三维阴影区显示　　　　　　　　（b）场地阴影等时线图显示

（c）热岛强度　　　　　　　　（d）温度云图

图 2.2-14
可视化结果输出
来源：软件截图

布和热岛强度，并清楚地判断出区域热岛模拟情况是否达标，一般来说热岛强度低于1.5℃判定为达标，如果不达标时，建筑师可以采取相应的优化措施改善场地热环境。

建筑师可针对模型进一步提高场地绿化率（增加景观植被及水景布置），降低热岛强度。选择高效美观的绿化形式，例如：街心公园、屋顶绿化和墙壁垂直绿化及水景设置，可有效地降低热岛效应，获得清新宜人的室内外环境；同时减少人为热的释放，对模型中的热源进行优化，减少热量的排放，达到降低热岛强度的目的。通过模拟结果及上述优化措施，实现通过模拟指导优化绿色公共建筑室外热环境的目的。

2）评价结果输出

分析工具实现智能分析，自动识别模型中的场地绿化、人工构筑物、建筑阴影区域，自动输出遮阳覆盖率、通风架空率、渗透面积、屋面遮阴比等评价指标（图2.2-15），从而评判是否满足《绿色建筑评价标准》GB/T 50378—2019中条文8.2.9"采取措施降低热岛强度"的要求，同时建筑师可根据输出的评价结果，有针对性地进行方案优化，进一步改善场地的热环境。

（a）预分析——遮阳覆盖率　　　　　　　　　（b）热环境指标

图2.2-15　评价结果输出
来源：软件截图

2.3 面向建筑形体设计的性能分析工具

2.3.1 建筑形体设计分析工具开发综述

天然采光和自然通风是建筑设计中最重要的一环，自然通风是一种被动节能的通风技术，不使用或部分使用外部能源对空气进行处理，促进室内空气流动，创造一个自然、舒适、健康的环境，在室外热舒适性较好的情况下，可以通过开窗引入室外气流，使得室内形成良好的热舒适环境；室内良好天然采光有助于室内人员的生理和心理健康，是评价建筑室内舒适度的重要组成部分。计算机技术的迅速发展也为自然通风、室内采光的设计提供了新的途径，通过仿真模拟可以较为方便地对建筑形体进行优化设计。目前最常用的采光模拟软件为Radiance，其他模拟软件Daysim、Lightingwitch Wizard、Spot等均以Radiance为内核进行采光模拟实验[①]。室内自然通风通常采用Phoenics、Fluent、Star-CD、Airpak等CFD模拟软件。采用量化分析的方法，对室内自然通风、天然采光的影响因素进行对比，为营造良好的室内通风和天然采光环境寻找理论依据。

基于上述目的，开发可靠性高、受用性好、可快速交互的地域气候适应型绿色公共建筑形体设计分析工具，能够将计算结果中相关的指标提炼出来，根据需求自动判定是否达标，如风速云图、换气次数、空气龄、照度分布图、采光系数图、照度达标的小时数图等。

面向建筑形体设计分析工具的架构包括平台层、业务层、内核封装层、后处理层，如图2.3-1所示。平台层，采用BIM理念的多源异构数据融合技术，通过建立针对不同设计软件、设计文件的数据接口，实现了一模多用、公共数据互通，支持CAD平台、中望CAD平台、浩辰CAD平台。通过定义模型数据结构和继承结构，能够识别

---

① 王艳. 基于开放式教育的中小学教学单元采光优化设计研究——以北京地区为例[D]. 北京：北京建筑大学，2020.

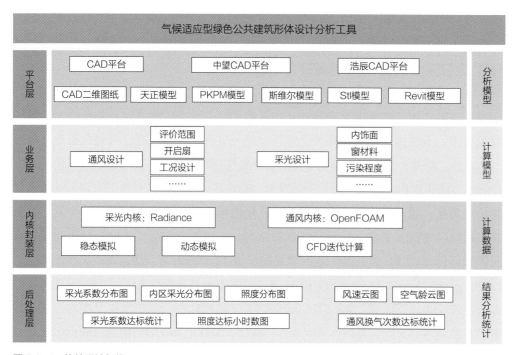

图 2.3-1　软件设计架构

CAD二维图纸，读取天正、PKPM、斯维尔、Stl、Revit模型；业务层，建立典型城市气象数据库，根据项目所在地自动匹配对应的参数，快速进行通风设计和采光设计关键参数设置；内核封装层，基于开源的计算求解器——采光计算内核Radiance、通风计算内核OpenFOAM进行封装并二次开发；后处理层，基于开源数据处理工具VTK实现对计算数据的可视化处理，输出的结果有采光系数分布图、照度分布图、照度达标小时数图、风速云图、空气龄云图等，并对相关指标进行统计分析。

　　面向建筑形体设计性能分析工具的专业设计主要包括通风设计及采光设计，以用户视角，工具的主要操作流程为建立模型、专业设计、计算分析配置、模拟计算、结果分析。各操作流程及对应的子流程如图2.3-2所示。

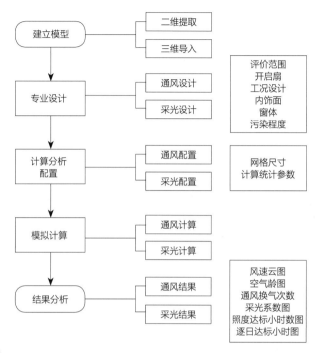

图 2.3-2 软件使用流程

2.3.2 采光和通风模拟场景分析

自然通风指由于建筑物的开口处存在着空气压力差，带来内外空气流动和交换的现象。造成空气压力差的原因是热压作用和风压作用。热压作用即通常讲的"烟囱效应"，在建筑内设置中庭、天井、通风塔等，利用热空气上升的原理，在建筑上部设排风口可将污浊的热空气从室内排出，而室外新鲜的冷空气则从建筑底部被吸入。风压作用是风作用在建筑物上产生的风压差，即"穿堂风"。利用建筑表面的外窗等洞口，在建筑表面风压的作用下实现空气的流通。在建筑的自然通风设计中，风压通风与热压通风是互为补充、密不可分的。一般来说，在建筑进深较小的部位多利用风压来直接通风，进深较大公共建筑可利用热压来达到通风效果[1]。室内良好的自然通风和天然采光是保证人体健康和舒适以及建筑节能降耗的重要手段。室内自然通风能带走室内多余热量，保证室内空气的新鲜度，改善建筑使用者的舒适感和身体健康，降低建筑空调等措施的使用率，提高建筑品质；室内天然采光在绿色建筑的发展中更能体现"以人为本"的新时代特征，让使用者感受到绿色建筑带来的健康舒适。

分析工具针对室内自然通风和天然采光模拟分析，预测建筑的室内换气次数、空气龄、采光效果等与建筑健康舒适相关的绿色性能相关参数，为调节项目中各个单体建筑的外窗开启方式、朝向、透明部分比例等参数提供参考依据。《绿色建筑评价标准》GB/T 50378—2019中有关评价自然通风和天然采光的条款均要求对室内自然通风效果和天然采光进行模拟及优化分析（表2.3-1）。

《绿色建筑评价标准》GB/T 50378—2019中对室内自然通风和天然采光的模拟及评价要求　　　表2.3-1

指标	条款及内容	模拟及评价要求
自然通风	5.1.2应采取措施避免厨房、餐厅、打印复印室、卫生间、地下车库等区域的空气和污染物串通到其他空间；应防止厨房、卫生间的排气倒灌	通风工况下的室内气流组织应满足功能要求，避免气流短路；将厨房、卫生间设置在建筑自然通风的负压侧，避免其气味进入室内影响空气质量
	5.2.10优化建筑空间和平面布局，改善自然通风效果	良好的自然通风设计，如采用中庭、天井、通风塔、导风墙、外廊、可开启外墙或屋顶、地道风等，可以有效改善室内热湿环境和空气品质，提高人体舒适性，当室外温湿度适宜时，良好的通风效果能够减少空调的使用，《标准》要求过渡季典型工况下主要功能房间平均自然通风换气次数不小于2次/h的面积比例达到70%
天然采光	5.2.8充分利用天然光	采用基于天然光气候数据的建筑采光全年动态分析的方法进行评价，通过软件对建筑动态采光效果进行计算分析，根据计算结果合理进行采光系统设计，《标准》要求公共建筑内区采光系数满足采光要求的面积比例达到60%；地下空间平均采光系数不小于0.5%的面积与地下室首层面积的比例达到10%以上；室内主要功能空间至少60%面积比例区域的采光照度值不低于采光要求的小时数平均不少于4h/d

---

[1] 齐康，杨维菊. 绿色建筑设计与技术[M]. 南京：东南大学出版社，2011.

（1）室内自然通风

面向建筑形体设计分析工具可辅助建筑师快速完成室内自然通风效果分析。通风模拟模块是基于OpenFOAM开发相关求解器。该模块支持室内外联立，支持多核并行计算、贴体网格，根据标准的要求自动输出室内风速、空气龄、换气次数、动态视频等，并自动判定室内通风效果优劣及达标情况。

1）建立真实模型

面向建筑形体设计分析工具，提供二维提取及三维导入的功能。二维提取可根据底图对墙、门、窗、柱等构件逐一提取建模。三维导入可以识别天正、斯维尔模型，实现一键提取（图2.3-3）。工具还提供了很多构件的创建功能，如墙体、门窗、幕墙、顶棚、结构柱、结构板、屋顶等构件，通过构件的创建能更加真实地还原建筑情况。

2）支持室内外联立设置

分析工具支持室内外联立、风自然流入室内、逐洞设参数共3种设置初始条件的方式，满足各地不同需求（图2.3-4）。当选择室外联立设置时，由软件自动读取室外风环

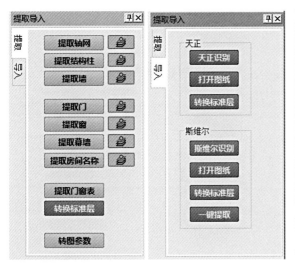

图 2.3-3　模型二维提取及三维导入
来源：软件截图

图 2.3-4　边界条件设置
来源：软件截图

境的计算结果，并作为初始条件设置在室内模型开启扇上，提高模拟分析效率。

3）支持不同建筑类型、房间类型设置

建筑类型包括教育建筑、医疗建筑、图书馆建筑、博物馆建筑、展览建筑、交通建筑、体育建筑、工业建筑等。同时在不同建筑类型的房间设置功能中增加对应的房间类型，办公建筑房间增加复印室、档案室等，如图2.3-5所示。

4）开启扇代替洞口概念

分析工具以开启扇概念代替洞口概念，开启扇即外门、外窗等可开启部分。建筑师可通过门窗样式按角度或开启比例进行设置，支持局部开启、全部开启或部分开启等多种开启状态，并根据项目的实际情况设置开启扇的评价范围、应用实体、开启扇类型、开启角度（图2.3-6），因此，在建模时，考虑门窗的开启状态，其计算结果更加科学合理。

图2.3-5　建筑类型及房间类型
来源：软件截图

图2.3-6　开启扇设置
来源：软件截图

5）自动划分网格

分析工具可根据模型构件尺寸自动划分网格并局部加密，并支持贴体网格，避免结果分析云图的边缘锯齿化（图2.3-7）。选择贴体可对异形或者凸出部位较多的建筑进行修正，网格和效果图更加清晰；特征边是指建筑四周的轮廓边线，选择提取后可自动进行网格加密，计算结果更加精准。

6）异形模型的精细化分析

分析工具可支持各类异形构件、开启扇的模拟分析，能够真实模拟开启扇、异形屋顶、异形门窗、天窗、中庭、天井、弧形构件、斜坡构件等对室内自然通风的影响，充分模拟预测真实情况（图2.3-8）。

（2）采光模拟设计

面向建筑形体设计分析工具采光模拟模块是基于Radiance开发相关求解器，可辅助建筑师预测建筑的采光效果、眩光效果等与建筑健康舒适相关的绿色性能相关参数；

图 2.3-7　网格划分
来源：软件截图

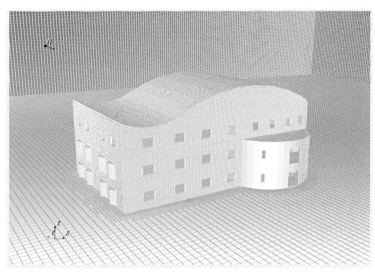

图 2.3-8　支持各类异形构件、开启扇的模拟分析
来源：软件截图

支持窗地面积比、全阴天稳态计算、全年8760h逐时动态计算等，根据标准要求输出内外区的采光系数、照度、均匀度、照度达标小时等并自动判定室内采光效果优劣及达标情况。模拟结果可靠，该工具通过与实际工程测量比较误差在7%以内。

图 2.3-9　一键计算功能
来源：软件截图

1）支持一键计算

分析工具提供"一键计算"功能，可通过打开软件—读取模型——键计算—生成报告四个步骤完成建筑天然采光模拟分析。如需精细计算，可手动进行详细参数设置（图2.3-9）。

2）多方案竞赛功能

分析工具提供"多方案竞赛"功能，基于专业的窗体、饰面材料数据库，建筑师可进行多方案对比，同时进行多个采光专项设计计算，通过对比结果，进行方案优化设计、构件选型、成果评估等，如图2.3-10所示。工具中窗体数据库的玻璃可见光透射比、可见光反射比、挡光折减系数等光学参数均参照《建筑采光设计标准》GB 50033—2013取值。内饰面材料数据库来源于标准和图集，材料参数丰富、准确，根据建筑房间功能和风格不同，进行墙面内饰面材料设置，模拟更接近实际（图2.3-11）。

3）专业计算

分析工具可满足不同项目的采光计算要求（图2.3-12）。计算方法可选择公式法，即《建筑采光设计标准》GB 50033—2013的公式计算法，该计算方法原理考虑窗尺寸位置、可见光透射比、挡光折减与污染的影响，并综合考虑室内各表面反射比及窗的可见天空角的影响，是经过实际测量和模型实验确定的成熟原理；也可选择模拟法即国际通用的Radiance逐点采光系数算法，对于建筑造型复杂，有凸窗、阳台、异形窗等建筑构建的项目，建议采用模拟计算方法。

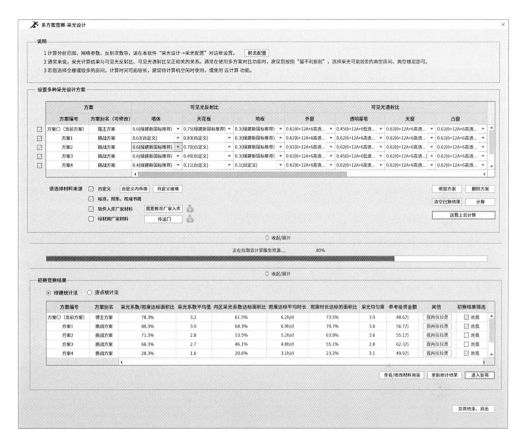

图 2.3-10
采光设计多方案竞赛
来源：软件截图

图 2.3-11
窗体、饰面材料数据库
（左）
来源：软件截图

图 2.3-12
采光计算分析配置（右）
来源：软件截图

2.3.3 模拟结果设计反馈

　　基于建筑形体设计的性能分析工具，具有结合界面操作友好、方便快速、结果准确、结果分析及可视化结合程度高的特点，可得到室内采光与通风的效果评价。建筑师通过不同建筑方案的对比分析，总结室内自然通风和采光存在的问题，对设计方案进行有针对性的调整，可以营造舒适的室内风环境和采光环境。

　　（1）通风结果

　　1）可视化结果输出

　　空气龄是房间内某点处空气在房间内已经滞留的时间，反映了室内空气的新鲜程度，衡量房间的通风换气效果，是评价室内空气品质的重要指标。室内风环境模拟软件可以提供空气龄、风速云图、换气次数和通风开口与地板面积比的评价结果。模拟结果以图表形式显示，清晰明了。建筑师对室内风流动情况一目了然，并根据计算结果自动统计是否达标，如图2.3-13所示。在室内自然通风较差时，软件可提供优化建

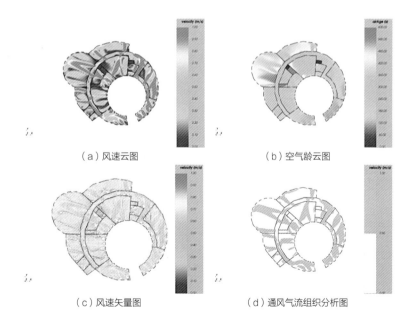

（a）风速云图　　　　　　　　（b）空气龄云图

（c）风速矢量图　　　　　　　（d）通风气流组织分析图

图 2.3-13
风速云图及空气龄图
来源：软件截图

议，作为设计改善时的依据和方向。

2）评价结果输出

分析工具可智能计算分析通风开口比例、换气次数、污染源房间自然通风气流组织、通风路径、空气龄、风速等指标。通过分析配置可对结果数据统计的规则进行设置，可设置不同的分析平面，一次计算输出多个平面结果，可对空气龄、风速的限值进行修改，以满足个性化统计需求，如图2.3-14所示。

通过输出的风速、空气龄、换气次数分析结果及评价结果（图2.3-15），建筑师可以直观地查看房间的通风状况，一般来说空气龄处于1800s以下时，房间的通风效果较好。根据《公共建筑节能设计标准》GB 50189—2015中的设计要求，风速小于1m/s时，人体感觉无吹风感，所以通过建筑布局、洞口布置等方式，使得主要功能房间的空气龄和风速在合理范围区间。建筑师基于分析工具的通风模拟计算的结果，可进一步对建筑形体设计优化，改善室内通风效果。

（2）采光结果

采光模拟结果能够查看所计算楼层、房间的照度达标小时数图、采光系数图、窗地面积比等。照度达标小时数图及逐日达标小时数图是根据《建筑采光设计标准》GB 50033—2013规定的照度标准值进行全年动态逐时计算，根据所选择的城市进行气象数据的输入，得到照度达标的小时数（h/d）及逐日的达标情况，平均采光系数图与内区采光系数图是基于CIE的全阴天模型，仅考虑漫反射，计算最不利情况的采光指标，如图2.3-16所示。

通过采光系数、照度达标小时数模拟结果，可以直观地查看房间的采光状况，采光情况的好坏主要由建筑形体、界面上窗子的大小、材质，内部饰面的反射比等因素决定。通常建筑的内区采光比较差，为了改善内区采光，可以采用优化建筑形体减少进深，或采用玻璃隔断、内部空间作为会议室或储藏室等方式优化内区采光效果。建筑师基于模拟结果，在室内天然采光较差时，可将分析工具提供的优化建议，作为建筑设计方案改善的依据和方向。

计算分析配置　　　　　　　　　　　　　　　　　　　　　　×

| 计算配置 | 分析配置 |

评分规则

单栋建筑存在多个评价范围时，按照何种规定评分　● 所有评价范围的平均值　　　○ 所有评价范围的最不利值
当项目存在多个建筑时，按照何种规则评分　　　　○ 所有建筑的平均值　　　　● 所有建筑的最不利值
本项目为商住两用项目，按照何种规则评分　　　　● 公建和居建分别单独评价　○ 公建和居建合并评价

标准配置

标准指标及限值

　□ 通风开口与地板面积比　≥5 %

　☑ 换气次数　≥2 次/h　　　　　　　　　□ 良好通风路径风速　≥0.3 m/s

注：以上指标为绿建标准中的规定值。

高阶分析指标及限值

| 分析平面1 |

评价高度距楼板：1.2 m

☑ 主要功能房间空气龄　　　< 　　　　1800.0 s

☑ 主要功能房间风速　　　　< 　　　　1.4 m/s

注：以上指标是为了满足室内人员舒适加的考察指标，不影响项目的评分判断

新增分析平面　删除分析平面

确定　取消

图 2.3-14　分析配置
来源：软件截图

结果分析　　　　　　　　　　　　　　　　　　　　　　　×

建筑1
└ 评价范围1
　└ 工况1
　　├ 楼层组装_1_普通层
　　├ 楼层组装_1_普通层
　　└ 楼层组装_1_普通层

楼层组装_1_普通层1判断结论
换气次数大于等于2.00次/h的房间面积为1843.42㎡，房间总面积为1876.66㎡，换气次数达标面积比例为98.2%。
空气龄的平均值为0.00，小于限值1800.00s，达标。
风速的平均值为0.00，小于限值1.40m/s，达标。

| 空气龄云图 | 风速云图 | 换气次数 |

工况名称	房间编号	房间功能	房间体积(m³)	房间面积(m²)	通风量(m³/h)	换气次数(次/h)	标准限值(次/h)	是否满足
工况1	RM01001	办公室	459.37	143.55	4967971.56	10814.76	≥2.00	达标
工况1	RM01002	办公室	126.72	39.60	228962.39	1806.82	≥2.00	达标
工况1	RM01003	办公室	1534.99	479.69	1594552.75	1038.80	≥2.00	达标
工况1	RM01004	办公室	71.30	22.28	2018506.17	28310.29	≥2.00	达标
工况1	RM01005	其它	50.38	15.74	162399.56	3223.58	≥2.00	达标
工况1	RM01006	其它	19.88	6.21	0.00	0.00	≥2.00	不达标
工况1	RM01007	其它	217.91	68.10	1894631.07	8694.43	≥2.00	达标
工况1	RM01008	其它	61.28	19.15	138962.20	2267.78	≥2.00	达标
工况1	RM01009	办公室	656.04	205.01	192320764.91	293153.26	≥2.00	达标
工况1	RM01010	办公室	261.33	81.67	158227754.25	605467.19	≥2.00	达标
工况1	RM01011	办公室	502.65	157.08	29295971.02	58282.47	≥2.00	达标
工况1	RM01013	办公室	749.79	234.31	12402413.77	16541.09	≥2.00	达标
工况1	RM01014	其它	30.34	9.48	0.00	0.00	≥2.00	不达标
工况1	RM01015	楼梯间	56.14	17.54	0.00	0.00	≥2.00	不达标
工况1	RM01016	其它	135.09	42.21	2135959.62	15811.74	≥2.00	达标
工况1	RM01018	办公室	386.01	120.63	16152098.87	41843.44	≥2.00	达标
工况1	RM01019	办公室	686.07	214.40	21360757.44	31135.17	≥2.00	达标

退出

图 2.3-15　换气次数
来源：软件截图

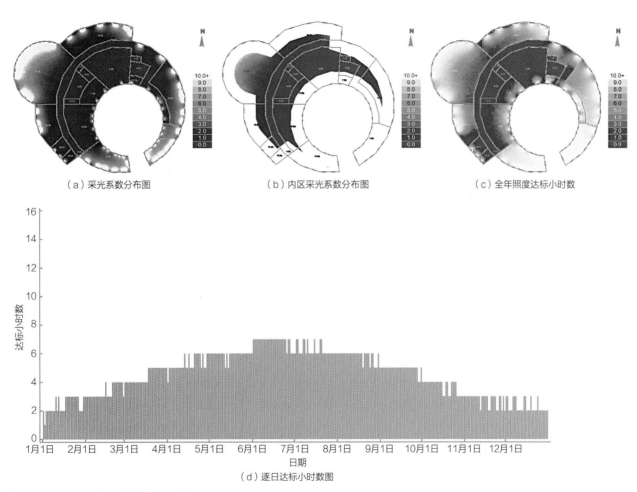

（a）采光系数分布图　　　　　　　（b）内区采光系数分布图　　　　　　　（c）全年照度达标小时数

（d）逐日达标小时数图

图 2.3-16　采光系数及逐日达标小时图

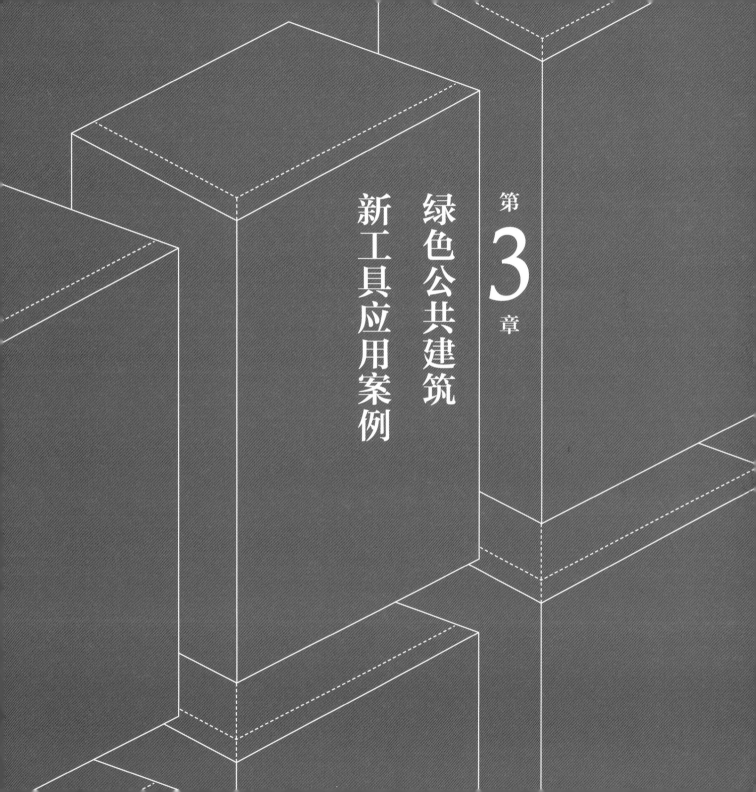

第**3**章

绿色公共建筑
新工具应用案例

3.1 哈尔滨华润欢乐颂商场

3.1.1 项目概况

（1）项目介绍

哈尔滨华润欢乐颂为大型商场建筑，位于哈尔滨市松北区，东临昆明街，南临世茂大道，北临郑州街。项目总用地面积5.29hm^2，总建筑面积13.35万m^2。建筑地下2层，地上3层，局部4层，建筑总高度24.0m。该项目于2011年开始策划，2012年正式立项，2018年确定设计方案，完成施工图设计，最终于2019年竣工并完成验收，当年8月投入使用（图3.1-1）。

图 3.1-1
项目效果图
来源："地域气候适应型绿色公共建筑设计新方法与示范"项目组提供

（2）设计理念

集约、厚重、封闭、向阳是严寒地区显著的地域性建筑特点。项目绿色设计理念如图3.1-2所示。

基于"气候塑造形态，形态适应气候"的原则，针对场地空间，选取合适的建筑尺度，注重避风向阳，地面采用防滑铺装。在形态处理中，将30%以上建筑规模置入地下，加大进深，集约体量，减少热交换。内部空间采用"洋葱"模式，将厨房、设备等散热空间置于顶层，将物流、疏散等低性能空间置于西、北向作为隔寒腔体，与置于东、南向作为蓄热腔体的展演等高大空间一起，形成外层冷防护区，并结合室内有顶步行街，错层设置环形中庭，增强热惰性、提高热舒适度。重点关注口部设计，优化朝向、尺度和进深，利用风闸形成缓冲，减少热损。界面控制中以密闭保温为导向，多设置厚重实墙，仅在入口、通道及展示空间设透明界面，开口仅供疏散和自然通风，屋面天窗未满覆中庭，仅供排烟与局部采光。

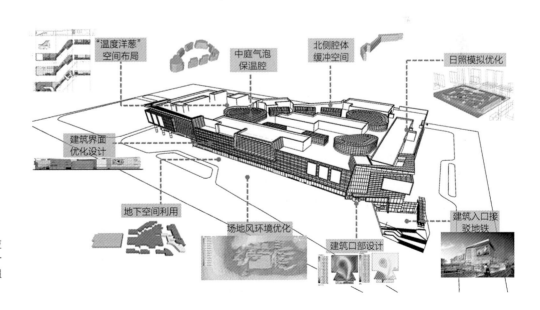

图 3.1-2
项目绿色设计理念
来源："地域气候适应型绿色公共建筑设计新方法与示范"项目组提供

（3）气候响应

哈尔滨地区属于中温带大陆性季风气候，四季分明，冬季漫长寒冷，夏季短暂凉爽，春秋季时间较短、气温升降变化快，气候分区属于严寒（A）地区。图3.1-3为该地区典型气象年的温度统计（数据点为逐时空气状态），图中框线为人体静坐下的舒适区间。全年平均温度4.12℃，夏季大部分时间气温在15～30℃之间，极端最高温度为36.5℃；冬季大部分时间气温在-5℃以下，极端最低气温为-37.7℃，采暖期每年长达176天。因此，哈尔滨华润欢乐颂商场在设计中着重建筑的防寒、保温、防冷风等方面。通过建筑形体聚合、建筑立面齐整、无自遮阳装饰构件、体形系数控制等措施，

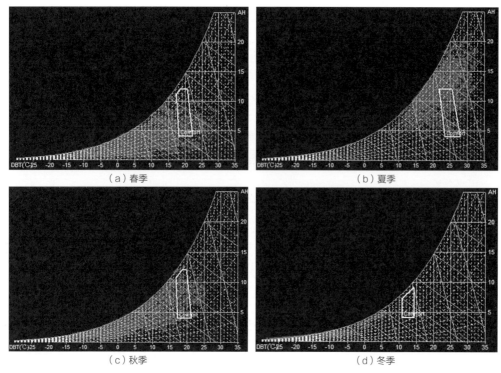

（a）春季　　　　　　　　　　　　　（b）夏季

（c）秋季　　　　　　　　　　　　　（d）冬季

图3.1-3　哈尔滨地区逐时温度分布
来源：软件模拟导出

增强建筑节能性能。

除此之外，该项目在不同功能空间按照空间性能的差异划分为低、普通、高性能空间，将对温度要求低、人员密度小的空间作为低性能空间布置于建筑北侧，为内侧空间提供气候缓冲；将商场主要的功能空间作为普通性能空间布置于里侧；东、南两侧布置大进深商业空间或儿童活动空间等对温度、光照需求较高的场所；电影院因其功能需要避光、隔声，作为高性能空间布置于建筑西侧，隔绝室外环境。不同性能空间通过环形步行街串联，形成"温度洋葱"的空间组织基本架构。

在此基础上，通过建构多层级气候缓冲体系，提升建筑性能（图3.1-4）。建筑入口作为第一层级缓冲区，通过朝向优化和双层门斗降低室外冷风渗透；入口后连廊空间，通过南侧玻璃幕墙吸热、三层通厅蓄热、配合热风幕等措施，成为第二层级缓冲区；不规则中庭通过天窗得热和中庭空间的保温蓄热作用，作为第三层级气候缓冲区。三个缓冲区彼此联通，实现室外环境到室内环境的平稳过渡，保证主要功能空间的舒适性。

根据《哈尔滨市志·自然地理志》，该地区年日照时数为2641h，冬季日照百分率（实照时数与可照时数之百分比）很大，2月高达67%。每年11月至次年3月的总日照时数占全年的34%左右。夏季由于多阴雨日，日照百分率反而减少，7月只有53%。同时，平均太阳年辐射总量为1287.44kW·h/m²，最大值出现在6月，高达195.38kW·h/m²，最小值出现在12月，为29.08kW·h/m²。图3.1-5所示为该地区典型年南向面的全年辐射强度，该立面方向相对具有较佳的太阳能接收性能。

总体上，该地区太阳能资源相对比较丰富，虽然冬季寒冷漫长，但日照比较充足，采光条件良好。因此，建筑设计中，冬季向阳和得热是重点诉求之一。该项目通过模拟优化，实现对该气候要素的利用与规避，除在南向立面增加窗墙比以充分接收太阳辐射外（图3.1-6），还在中庭空间和环形步行街的顶界面设有天窗，可提升光照均匀度。为减少建筑间的日照影响，将30%以上的建筑空间置于地下，同时建筑南侧通过退让形成向阳广场。

图3.1-7所示为该地区典型年的风速和风向，图中颜色的深浅代表了全年落于某一

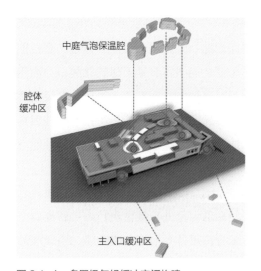

中庭气泡保温腔

腔体缓冲区

主入口缓冲区

图 3.1-4　多层级气候缓冲空间构建
来源："地域气候适应型绿色公共建筑设计新方法与示范"
项目组提供

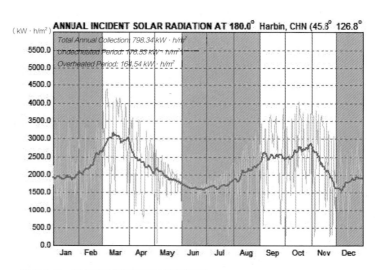

图 3.1-5　哈尔滨地区南向面太阳辐射量
来源：采用Weather Tool软件计算导出

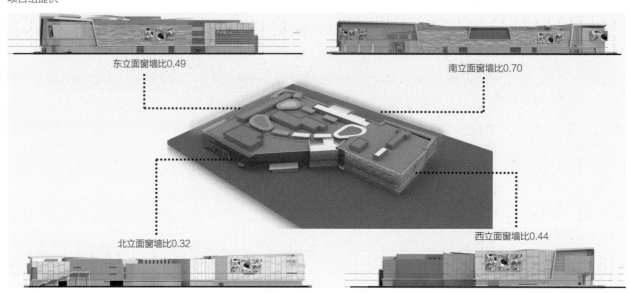

东立面窗墙比0.49

南立面窗墙比0.70

北立面窗墙比0.32

西立面窗墙比0.44

图 3.1-6　项目各朝向窗墙比设置
来源："地域气候适应型绿色公共建筑设计新方法与示范"项目组提供

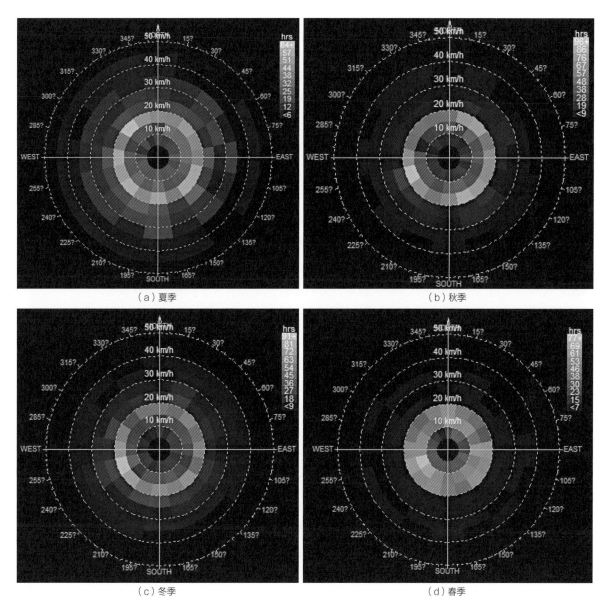

图 3.1-7　哈尔滨地区四个季节风速、风向变化
来源：软件模拟导出

风向和风速下的频次。可见该地区季风气候明显，盛行风随季节而变化，年平均风速为3.09m/s。由于该地区冬季时间长而寒冷，风速大，应着力解决冷风渗透问题。通过模拟优化，该项目建筑建成与北侧原有住宅形成合院空间，能够有效降低冬季冷风的渗透。建筑东南角设置下沉庭院入口，规避冬季冷风倒灌，形成气候过渡区。

3.1.2 基于地域气候适应的绿色公共建筑设计

（1）方案阶段绿色设计

利用基于SketchUp平台的建筑方案设计辅助工具对建筑方案进行绿色性能快速计算，通过方案设计优化和对比分析，体现工具在方案演进中对建筑师的辅助设计作用。

针对严寒地区商业建筑使用模式与气候环境间的矛盾问题，并基于商业建筑功能需求，在规划与景观、建筑设计、建筑技术三方面进行优化设计，实现建筑与气候适宜性设计。该项目通过场地优化设计，实现场地与周边建筑群风环境、光环境的优化；通过控制建筑体形系数，减少建筑表皮的热量散失；通过建筑被动式设计，营造室内良好的微气候环境，体现建筑对气候的适应性。

基于以上要点，通过建筑方案设计优化比较，确定最终建筑方案。建筑方案优化过程如图3.1-8所示。首先根据用地红线范围内的经济技术指标等条件进行第一个方案的设想和创作。方案一：依据场地条件和商业业态功能要求，建筑规划布局分为两栋单体，对沿街商业建筑的规划贴线率形成良好的控制，并结合哈尔滨气候特点，以"避风向阳，争取日照"的设计原则，形成良好的通透性；在满足建筑节能设计标准规定的建筑朝向及体形系数要求的基础上，通过研究提出的形体空间密度、场地导风率、外表接触系数等气候性适宜指标评价项目室外微环境等绿色性能设计效果，并根据计算结果对该方案提出设计优化建议，使该建筑与周边建筑群形成良好的风环境、光环境。方案二：依据方案一的设计优化建议，在方案一的基础上将建筑布局划分为三个单体建筑，将沿街商业建筑的长边位于南侧，有效地阻挡当地主导风向（西南风）的导入，形成良好的商业群之间的风环境，形成多个商业业态之间的互相分隔和互相联系；

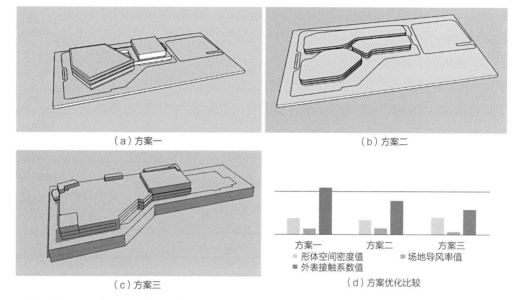

（a）方案一　　　　　　　　　　　　　　　　　（b）方案二

（c）方案三　　　　　　　　　　　　　　　　（d）方案优化比较

图 3.1-8　建筑空间设计方案优化比较
注：形体空间密度=建筑总体积/（用地红线周长×建筑最大高度）×100%；
场地导风率=建筑在夏季主导风向上的投影面积/总用地面积×100%（夏季空调运行强度高，自然通风实现有利于降低空调能耗）；
外表接触系数=（建筑立面展开面积+建筑屋顶面积+架空底面面积）/总建筑面积×100%
来源：软件模拟导出、自绘

进一步降低外表接触系数和形体空间密度，但是，场地导风率较方案一变高，进而会造成建筑冬季工况下表皮的热损失增大。方案三：为降低方案二的建筑冬季热损失，将主体部位整合成一个整体，建筑场地向阳利用，南侧建筑退让预留广场空间，建筑与北侧高层住宅形成合院空间，有效优化场地与周边建筑空间的风环境，同时降低场地导风率和外表接触系数，减少建筑内部热量散失，提高绿色设计效果。

（2）深化阶段绿色设计

1）建筑场地设计

针对哈尔滨华润欢乐颂商场最终设计方案深化设计形成施工图，建立物理模型进行场地微环境绿色性能仿真分析。对模型作了适当简化，忽略了部分对风压分布影响小的部件，对场地内景观绿植进行模块化处理。物理模型如图3.1-9所示。

①室外风环境分析

本项目位于黑龙江省哈尔滨市，处于严寒地区，有半年甚至半年以上的时间处于冬季，在冬季时常面临寒风的侵袭。严寒地区人们对于舒适性、安全性与社会交往的需求往往更高，合理的微气候环境是保障人舒适、安全进行社会交往的必要条件。夏季的高温日数虽然没有冬季的寒冷日数时间长，但是夏季仍然存在高温对人的热舒适性的影响。

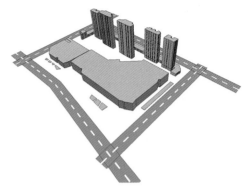

图3.1-9　哈尔滨华润欢乐颂商场优化方案模型

基于方案三的优化设计，进行风环境模拟分析，冬季工况数值仿真结果如图3.1-10所示，室外行人高度（1.5m）的风速普遍较低，多在0.5~2.5m/s之间，没有风速过高或过低的区域，风速较大的几处角隅风均在布局最外围处出现，满足《绿色建筑评价标准》GB/T 50378—2019中室外行走空间风速不高于5m/s的要求，有利于行人室外活动。建筑在形成围合布局时，有利于改善整个区域内风环境，使整个区域内风的流通性降低，降低建筑冬季工况的热量损失。

夏季工况风环境数值仿真结果如图3.1-11所示，项目场地内行人高度（1.5m）的风速不超过2m/s，且没有风速过低的区域，内部空地气流较为通畅，未产生旋涡，有利于空地内部的气体污染物排放，同时也能将建筑及场地内产生的热量带走。

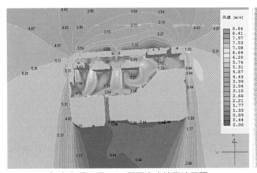

（a）冬季工况1.5m平面高度处风速云图

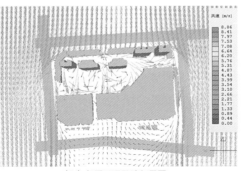

（b）冬季工况风速矢量图

图3.1-10
哈尔滨华润欢乐颂商场
冬季工况风环境

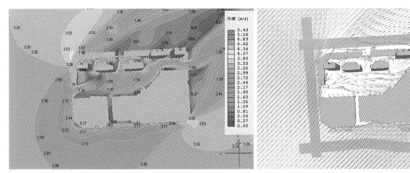

图 3.1-11
哈尔滨华润欢乐颂商场
夏季工况风环境

（a）夏季工况1.5m平面高度处风速云图　　　　　　　（b）夏季工况风速矢量图

②室外热环境分析

在长时间太阳辐射的作用下，城市建筑密集区夏季会产生"热岛"现象，市区年均温度高于村郊0.5～2℃，热岛效应不仅会增加人们高温中暑的概率，影响热舒适性，还会增加建筑的空调能耗等负面影响。

夏季工况热环境数值模拟分析结果如图3.1-12所示，场地内部空地气流较为通畅，未产生旋涡，从而有利于空地内部的气体污染物排放，同时也能将热量带走。在夏至日工况下场地内的温度处于28℃左右，平均热岛强度在0℃左右，场地热环境较为舒适。本项目采用围合式布局，建筑中心空地均匀分布绿植，有利于严寒地区的冬季防风与夏季通风排热，场地内的风环境、热环境都较为舒适。

2）建筑形体设计

①天然采光仿真分析

本项目位于哈尔滨市，处于Ⅳ类光气候区，大型综合性商场存在大进深空间，需通过合理的建筑设计改善天然采光条件。天然采光不仅有利于照明节能，也有利于增加室内外的自然信息交流，改善空间卫生环境，调节空间使用者的心情。尽管《建筑采光设计标准》GB 50033中并未给出商业类房间类型的采光要求，但根据人体的光感舒适度要求，参考其他类似房间，按照平均照度达到300lx作为衡量人体光适应性的阈值。选取项目普通层进行天然采光模拟仿真，采光计算分析结果如图3.1-13所示，以全

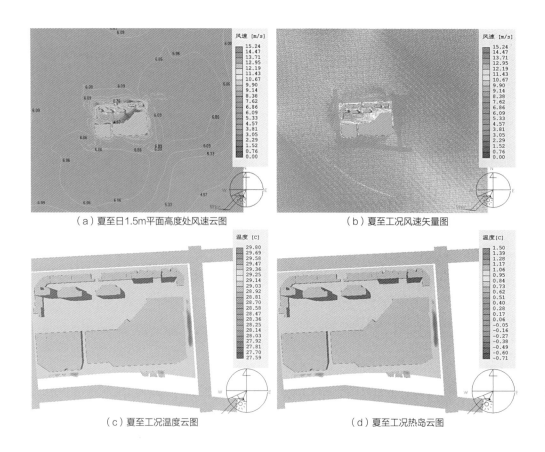

（a）夏至日1.5m平面高度处风速云图 　　　　（b）夏至工况风速矢量图

（c）夏至工况温度云图 　　　　（d）夏至工况热岛云图

图 3.1-12
哈尔滨华润欢乐颂商场
夏季工况热环境

年为计算单位，照度达到300lx的小时数近似呈正态分布，7月份的采光效果最好，达标小时数达到7h。建筑主要朝向为南北方向，南向采光效果较好，北向采光效果比南向略差，但符合建筑朝向及全年太阳方位对采光分布的预期。在未设置中庭条件下，由于建筑内部进深过深，导致内区采光效果不太理想，这也是大型公共建筑难以避免的采光局限性之一，因此，为提高建筑内部的天然采光效果，进行设计优化，在建筑内部设有三个中庭，中庭顶部设有天窗，如图3.1-14所示。结合项目的使用功能，建议根据天然采光条件，设置分区照明，对采光效果较差的区域，进行单独照明控制，既能满足照度需求，又能降低照明能耗。商业建筑后期在实际运营过程中可能会涉及外立

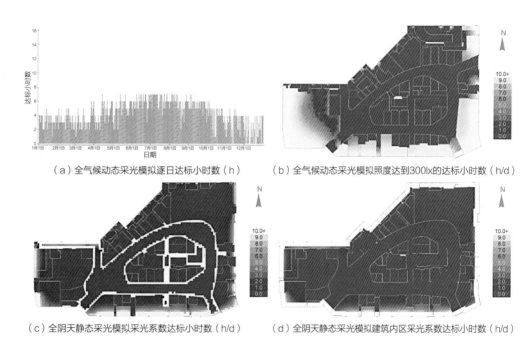

（a）全气候动态采光模拟逐日达标小时数（h）　　　　　　（b）全气候动态采光模拟照度达到300lx的达标小时数（h/d）

（c）全阴天静态采光模拟采光系数达标小时数（h/d）　　　　（d）全阴天静态采光模拟建筑内区采光系数达标小时数（h/d）

图 3.1-13
哈尔滨华润欢乐颂商场
普通层采光模拟结果

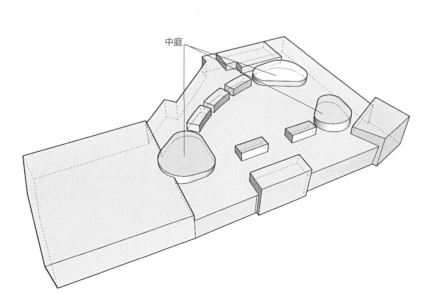

图 3.1-14
哈尔滨华润欢乐颂商场
中庭设置

面广告的布置，其位置和尺寸亦会影响到建筑的采光效果，应有针对性地做好智能照明控制。

②自然通风仿真分析

大型综合性商场存在大进深空间，自然通风设计时，应避免出现狭小空间，尽量设置开场空间，使室内出现穿堂风，进而提高室内风场的流动性。建筑内部设有三个中庭，中庭顶部天窗配合建筑立面的开启扇形成自然通风廊道，增加过渡季节的自然通风效果。商场室内的自然通风仿真效果如图3.1-15所示，建筑外部及内部走廊区域空气龄处于1800s以下（满足自然通风换气次数不小于2次/h的要求），表示商场整体设计的自然通风效果较好；内部中心区域空气龄较高，但与设计预期相符。室内大部分区域的风速都处于1m/s以下，既保证了自然通风的需求，又不会增加室内人员的不舒适度，但建筑左侧的门厅存在风速较大的区域，该区域人员不会长期停留，处于过渡空间，建议适当降低温度标准。

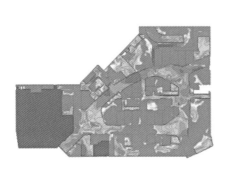

（a）二层空气龄

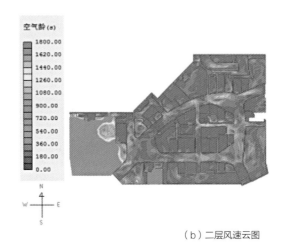

（b）二层风速云图

图 3.1-15　哈尔滨华润欢乐颂商场室内通风模拟结果
来源："地域气候适应型绿色公共建筑设计新方法与示范"项目组提供

3.1.3 绿色性能评估与总结

　　针对严寒地区商场建筑防寒、保温、防冷风的需求特点，结合规划与景观、建筑设计、建筑技术等方面的应用，以APD@SKP和深化设计阶段的绿色建筑设计工具辅助建筑师进行建筑设计。通过对建筑不同方案的快速模拟计算，优化建筑方案设计阶段与深化设计阶段的绿色性能，实现对严寒地区商场建筑的绿色性能提升设计工作。在建筑师设计过程中，地域气候适应型绿色建筑设计辅助工具的有效性主要总结如下：

　　（1）在方案设计阶段，方案一依据场地条件和商业业态要求，将建筑规划布局分为两栋单体，满足建筑朝向及体形系数要求，但基于APD@SKP分析结果显示，室外风环境、光环境效果欠佳。因此在方案二中将建筑划分成3个区域，建筑长边置于冬季主导风向背风面，降低外表接触系数和形体空间密度，但此时场地的导风率有所增加，最终在方案三中通过预留广场空间，并与北侧高层形成合院空间，提升场地向阳利用水平、优化风环境，降低场地导风率和外表接触系数。

　　（2）在深化阶段的建筑场地优化设计中，基于绿色建筑设计辅助工具的风环境分析结果，使建筑形成围合布局，显著减少风速恶化区域，抑制区域风环境超标；以场地热环境分析为指导，通过在建筑中心空地均匀分布绿植，实现场地平均热岛强度在0℃左右，热环境舒适，达到绿色建筑场地风环境和热环境评价标准要求。

　　（3）在深化阶段的建筑形体设计优化设计中，基于对建筑的采光性能分析，在中庭顶部设天窗，并增加南向面窗墙比，使建筑符合朝向及全年太阳方位对采光分布的预期；基于对建筑通风、热环境的模拟，采用设置通风廊道、构建多层级气候缓冲体系等手段进行针对性优化设计，使建筑通风、采光及热环境满足《绿色建筑评价标准》GB/T 50378—2019的要求。

3.2 中国北京世界园艺博览会中国馆

3.2.1 项目概况

（1）项目介绍

中国北京世界园艺博览会中国馆位于北京市延庆区西南部。在"一心、两轴、三带、多片区"的园区规划结构中，中国馆与国际馆、演艺中心、草坪剧场、天田共同组成了世园博览会园区的核心景观区。中国馆西邻山水园艺轴，东邻"世界舞台"草坪剧场，西北侧为永宁阁，北侧为妫汭湖，南侧与园区主入口相对，在整个园区内居于最重要的位置。

中国馆项目用地面积48000m²，总建筑面积23000m²，其中地上建筑面积为14902m²，地下建筑面积为8098m²。建筑由序厅、展厅、多功能厅、办公、贵宾接待、观景平台、地下人防库房、设备机房、室外梯田等构成。展厅以展示中国园艺为主，还包括走道、交通核、卫生间、坡道及设备用房等空间。建筑类别为多层民用公共建筑，按总展览面积为中型展览建筑。中国馆是全国第一批正式获得绿色建筑新国标的三星级绿色建筑项目（图3.2-1、图3.2-2）。

图 3.2-1
场地平面布局
来源：景泉，朱文睿.京津冀地区寒冷气候适应型绿色公共建筑设计——以2019年中国北京世界园艺博览会中国馆为例[J].建筑技艺，2019（1）：28-35.

图 3.2-2
中国馆立面效果图
来源：景泉，朱文睿.
京津冀地区寒冷气候适
应型绿色公共建筑设
计——以2019年中国
北京世界园艺博览会
中国馆为例[J]. 建筑技
艺，2019（1）：28-
35.

（2）设计理念

作为让世界感知中国、让中国融入世界的平台，北京世园会办会主题是"绿色生活、美丽家园"，整体突出园艺与科技的结合。中国馆会后将作为展馆用途，实现场馆的长期运行。根据这一特征，建筑注重区域微气候设计应用，强化灰空间，兼具实用功能和高展示性。

中国馆的设计结合了本土的园艺智慧，体现了悠久的农耕文明。针对延庆的气候条件，本工程在光照、季风、温度和降水等方面作出回应。绿色技术体系以"四节一环保"为基础，有机结合了自然、人文和技术因子。自然因子包括节地、融绿、借光、集水、避风、保温、收形、覆土、绿植等要素。人文因子表现在搭建遮阳、通风、架空的观景平台，降低能耗鼓励互动，水院雨帘营造区域微气候。技术因子表现在通过地道风通风、光伏利用、地源热泵、智能控制，达到能源高效利用。图3.2-3为各项技术理念的表现。

（3）气候响应

北京属于暖温带半湿润大陆性季风气候，四季分明。春季增温快，昼夜温差大，多风沙天气；夏季炎热多雨，降水集中；秋季天高气爽，降温快，易出现霜冻；冬季

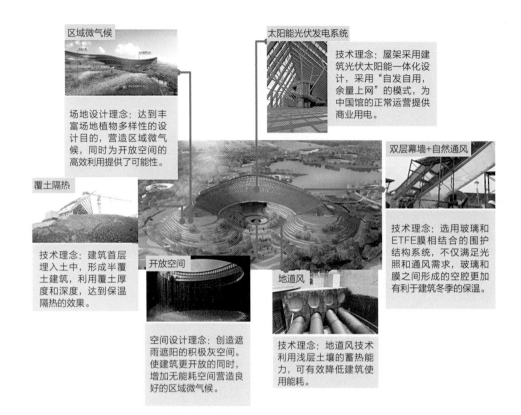

区域微气候

场地设计理念：达到丰富场地植物多样性的设计目的，营造区域微气候，同时为开放空间的高效利用提供了可能性。

太阳能光伏发电系统

技术理念：屋架采用建筑光伏太阳能一体化设计，采用"自发自用，余量上网"的模式，为中国馆的正常运营提供商业用电。

覆土隔热

技术理念：建筑首层埋入土中，形成半覆土建筑，利用覆土厚度和深度，达到保温隔热的效果。

双层幕墙+自然通风

技术理念：选用玻璃和ETFE膜相结合的围护结构系统，不仅满足光照和通风需求，玻璃和膜之间形成的空腔更加有利于建筑冬季的保温。

开放空间

空间设计理念：创造遮雨遮阳的积极灰空间。使建筑更开放的同时，增加无能耗空间营造良好的区域微气候。

地道风

技术理念：地道风技术利用浅层土壤的蓄热能力，可有效降低建筑使用能耗。

图 3.2-3
建筑设计理念
来源："地域气候适应型绿色公共建筑设计新方法与示范"项目组提供

寒冷干燥。年平均气温8℃，气候分区属于寒冷地区。图3.2-4为该地区典型气象冬季和夏季的逐日温湿度统计。夏季大部分时间气温在20~35℃之间，平均为24.1℃；冬季大部分时间气温在5℃以下，平均为-0.3℃。北京采暖期每年长达125天，制冷期一般120天。

　　因此，该项目建筑节能以冬季防寒及夏季隔热为主。通过选用热工性能优于国家标准要求的外墙、外窗、幕墙等围护结构，建筑全年供暖空调负荷得以降低。场馆中引入地道风技术（图3.2-5），利用浅层土壤的蓄热能力，在夏季进行空气冷却、在冬季进行空气加热，过渡季则直接利用新风，从而大幅缩短空调的开启时间。

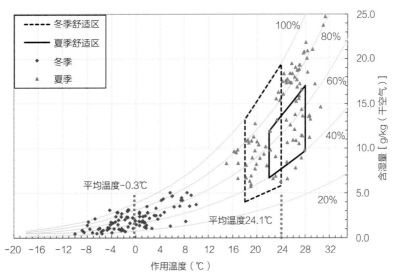

图 3.2-4　北京地区逐日温湿度分布

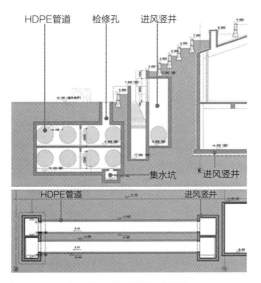
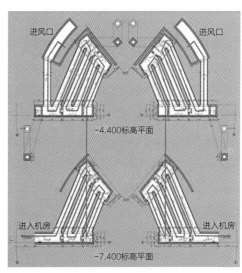

图 3.2-5　项目采用的地道风技术示意

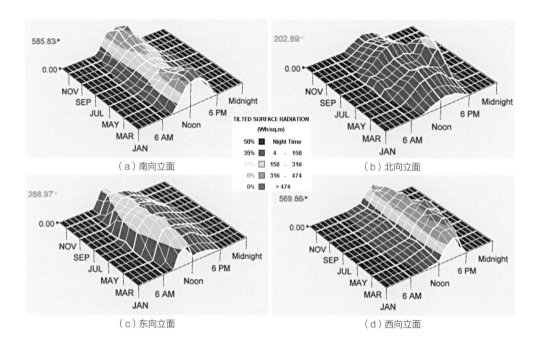

（a）南向立面

（b）北向立面

TILTED SURFACE RADIATION
(Wh/sq.m)

50%	■	Night Time
35%	■	4 - 158
15%	□	158 - 316
0%	■	316 - 474
0%	■	> 474

（c）东向立面

（d）西向立面

图 3.2-6
北京地区各立面太阳辐射量

　　该地区平均的年太阳能辐射总量为1588.66kW·h/m²，以可视化的效果展示该地区典型年在各个方向立面上接收的辐射强度，如图3.2-6所示，可明确看出南向立面的太阳辐射冬多夏少，全年分布最优。同时，年日照时数为2813h，春季最多，月日照在230～290h。总体而言，太阳能和日照资源丰富，为建筑的太阳能利用和天然采光设计提供了良好的基础。

　　基于此，中国馆设计中，通过建筑展开的弧线形总平面给屋面提供充足光照，增加南向采光面积，且将南向屋面坡度做得较缓，使其更有利于接受光照。建筑采用光伏太阳能一体化设计，利用南向缓坡屋面设置光伏玻璃，屋架幕墙安装太阳能光伏发电系统（图3.2-7），采用"自发自用，余量上网"的模式，为中国馆的正常运营提供商业用电，在光伏太阳能领域起到了示范展示作用。

　　该地区季风气候明显，盛行风随季节而变化，冬季多偏北风，夏季多偏南风，年平均风速为2.35m/s。图3.2-8所示为该地区典型年逐月在各个时间的风速统计，颜色的

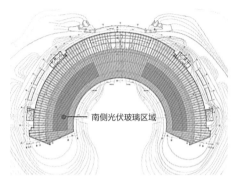

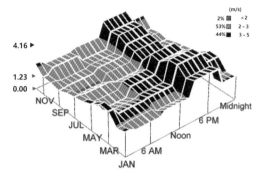

图 3.2-7　项目南侧光伏玻璃区域　　　　　　图 3.2-8　北京各月风速统计

深浅和高低代表了风速的范围。由此可见，全年具有较佳的自然风利用潜力。为此，中国馆设计分为东西两部分，在夏季有利于南风及偏南风的穿过，从而引入妫汭湖凉爽的空气。在冬季，西侧体量与"梯田"对西北风形成阻挡。覆土部分空间卧于"梯田"中，有利于风顺利地经过场地，减小了建筑对风的阻力，创造了良好的风环境。

　　图3.2-9所示为该地区典型年的逐月降水量。年平均降水量为626mm，降水量年内分配较不均匀：12月和1月降水量最少，均少于3mm，此后逐渐增多，至7月份，受东南暖湿气流影响，降水充沛，为159.6mm。7月份之后降水量迅速减少。年内降水量分

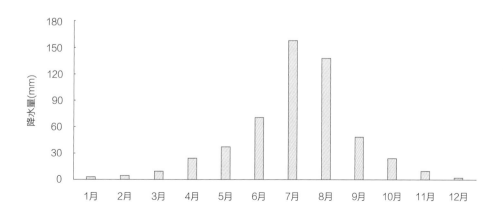

图 3.2-9
北京逐月降水量

布呈明显单峰型，具有较高的雨水收集利用潜力。中国馆采用雨水收集利用系统，坡屋面的设计有利于雨水沿屋面自然流下，雨水进入排水沟后被排入梯田，并最终回收利用，适应该地区夏季降水充沛的气候特点。

3.2.2 基于地域气候适应的绿色公共建筑设计

（1）方案阶段绿色设计

基于绿色公共建筑的气候适应性机理，结合京津冀寒冷地区的气候条件、资源特点、经济发展和社会人文特征，中国北京世界园艺博览会中国馆方案设计阶段充分利用绿色公共建筑设计新方法与技术体系。建筑设计方案优化过程如图3.2-10所示。

方案一：根据延庆地区光照、通风、温度等气候条件，总平面图做成弧线形，半围合环抱形的场地布局减小了建筑的体形系数，适应延庆寒冷冬季的保温要求。延庆区域主导风向为西南风，次要风向为南风，弧线形分为东西两个部分，建筑南北首层打开后，实现了南北贯通，有利于自然通风。

方案二：考虑寒冷地区除冬季保温要求较高外，夏季较为炎热，对隔热也有一定要求。延庆冬季较为寒冷，采用覆土形式将建筑首层埋入土中，减小建筑暴露在空气中的外表面积，从而减少建筑与室外空气的热交换，利用覆土厚度和深度提高围护结构热工性能，达到很好的冬季保温及夏季隔热的效果。设置地道风为使用频率较高的展馆提供新风，可有效降低建筑的空调使用能耗。覆土上部建筑规划布局采用常规的南北向的矩形形体，建筑屋顶采用了传统的坡屋顶造型设计，与环境统一协调。该方案建筑的形体空间密度、场地导风率均较方案一提高了，但不利于上部建筑的冬季保温。

方案三：整个建筑通过大型屋架来统一协调，将覆土上部建筑调整为环抱的半围合形式，降低建筑的形体空间密度、场地导风率，同时考虑建筑内使用者和不同季节室内植物种植对光的需求，建筑展开的弧线形总平面给屋面提供了充足的光照，增加了南向采光面积，且将南向屋面坡度做得较缓，使其更有利于接受光照。弧线形的体量分为东西两个部分，在夏季有利于南风及偏南风的穿过，在冬季西北风又被西侧覆

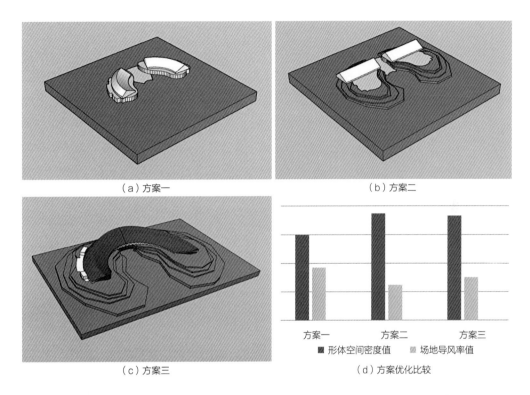

（a）方案一

（b）方案二

（c）方案三

（d）方案优化比较

■ 形体空间密度值　■ 场地导风率值

图 3.2-10
建筑空间设计方案优化
比较

土与建筑阻挡，使建筑南侧的半围合空间不受寒风侵袭，同时覆土部分呈"梯田"状，有利于风顺利地通过场地，营造了良好的风环境①。

（2）深化阶段绿色设计

1）建筑场地设计

通过中国北京世界园艺博览会中国馆的多个设计方案对比分析，针对最终设计方案深化形成施工图，建立物理模型进行场地微环境绿色性能仿真分析，模型建立过程中也作了适当简化，忽略了屋顶边缘及部分景观对风压分布影响小的部件，场地内景

① 景泉，朱文睿. 京津冀地区寒冷气候适应型绿色公共建筑设计——以2019年中国北京世界园艺博览会中国馆为例[J]. 建筑技艺，2019（1）：28-35.

观绿植和水体也作了适当简化。物理模型如图3.2-11所示。

①室外风环境仿真分析

延庆区域主导风向为西南风，次要风向为南风，为充分利用自然风，中国馆将弧线的体量设计分为东西两个部分，建筑南北首层打开后，在夏季有利于南风及偏南风的穿过[①]，如图3.2-12所示。根据项目所在地的气象数据进行室外风环境模拟计算，冬季工况下风环境数值模拟分析结果如图3.2-13所示，建筑周围人行区大部分区域风速在0.5～5m/s范围内，仅有不到0.1%的区域风速为5.3m/s，风速放大系数为1.7，满足《绿色建筑评价标准》GB/T 50378—2019中室外风速放大系数＜2.0的要求。且在西侧，建筑主体及覆土阻挡了冬季主导风向的侵袭，建筑南侧的半围合空间的风环境有利于室外活动。

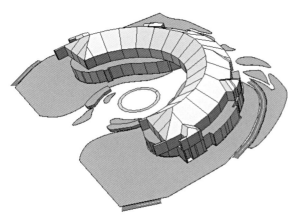

图 3.2-11　中国北京世界园艺博览会中国馆优化方案模型

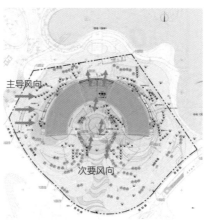

图 3.2-12　场地风向示意图
来源：景泉，朱文睿. 京津冀地区寒冷气候适应型绿色公共建筑设计一以2019年中国北京世界园艺博览会中国馆为例[J]. 建筑技艺，2019（1）：28-35.

---

① 景泉，朱文睿. 京津冀地区寒冷气候适应型绿色公共建筑设计——以2019年中国北京世界园艺博览会中国馆为例[J]. 建筑技艺，2019（1）：28-35.

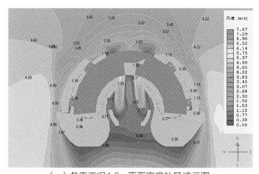 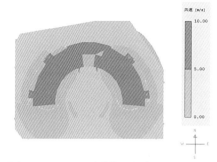

图 3.2-13
中国北京世界园艺博览
会中国馆冬季工况风环
境模拟结果

（a）冬季工况1.5m平面高度处风速云图　　　　（b）冬季工况1.5m平面高度处风速达标示意图

　　夏季工况风环境数值模拟结果如图3.2-14所示。场地内行人高度的风速普遍较低，一般不超过3m/s，建筑周围基本未产生漩涡区和无风区，既有利于行人活动舒适，又可保证建筑周围空气流通。环抱的半围合弧线形平面场地设计，在夏季有利于南风及偏南风的穿过，建筑半覆土还减弱了建筑对周边风速的影响，为场地周边营造了良好舒适的风环境。如图3.2-14（c）和（d）所示，夏季建筑前后存在一定的压差，有利于室内的自然通风。

　　②室外热环境分析

　　本项目位于北京市延庆区，属寒冷地区，四季分明、冬冷夏凉，年平均气温8℃，季风气候特征明显。根据项目所在地的气象数据工况对建筑周围热环境进行模拟分析，室外热环境数值模拟分析结果如图3.2-15所示。建筑设计将创新绿色科技与可持续理念有机融合，采用半覆土的建筑形式，既利用了场地山水形的选择，使建筑充分融于场地，同时，建筑朝南向打开，在夏季有利于南风及偏南风的穿过，带走建筑产生的热量，且建筑周围绿化较好，营造了良好的区域微气候。在夏至日工况14时建筑周围热岛强度为–1.4℃，表明在夏至日14时建筑周围环境温度比北京郊区平均温度还要低，建筑与环境实现有机融合，没有产生热岛效应。

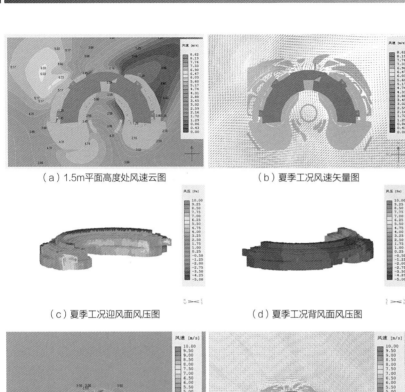

（a）1.5m平面高度处风速云图　　　　　　（b）夏季工况风速矢量图

（c）夏季工况迎风面风压图　　　　　　（d）夏季工况背风面风压图

图 3.2-14　中国北京世界园艺博览会中国馆夏季工况风环境模拟结果

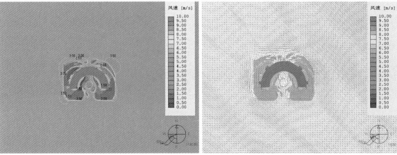

（a）1.5m平面高度处风速云图　　　　　　（b）夏至日工况风速矢量图

（c）1.5m平面高度处温度分布图　　　　　　（d）1.5m平面高度处热岛强度分布图

图 3.2-15　中国北京世界园艺博览会中国馆热环境模拟结果

2）建筑形体设计

①天然采光仿真分析

中国馆核心展厅空间必须保障足够的天然采光，室内采光除了要满足使用者对采光的基本要求，还需要考虑到室内植物种植对光的需求。因此，建筑屋顶采用展开的弧线形总平面，并减小南向坡度，增加迎南向的屋面面积，适应采光要求，并满足夏季建筑遮阳，如图3.2-16所示。大型展览类建筑天然采光模拟分析，其中展厅按照采光系数2.0%和照度300lx、连接通道按照采光系数1.0%和照度150lx进行。天然采光仿真模拟结果如图3.2-17所示。建筑顶部为透明围护结构，顶层采光效果很好，整体采光效果也较好。建筑主要功能房间天然采光照度大于300lx，采光系数达标的面积比例为90.0%，采光效果较好。建筑内区采光系数达标的面积比例为94.5%，内区采光效果较好。

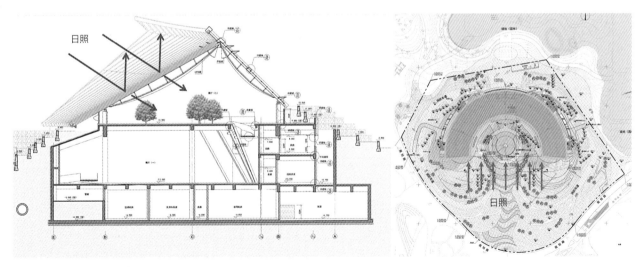

图3.2-16 项目日照示意图
来源："地域气候适应型绿色公共设计新方法与示范"项目组提供

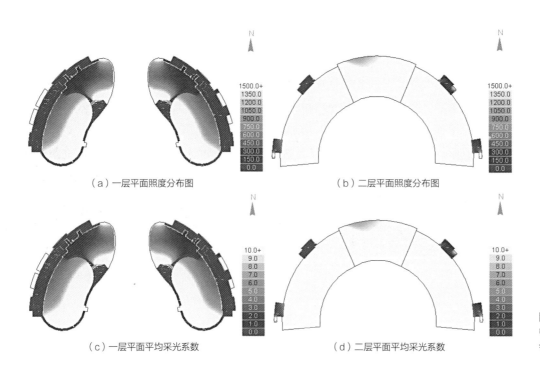

（a）一层平面照度分布图　　　　　　　　（b）二层平面照度分布图

（c）一层平面平均采光系数　　　　　　　　（d）二层平面平均采光系数

图 3.2-17
中国北京世界园艺博览
会中国馆采光模拟结果

②自然通风仿真分析

　　根据延庆地区的气候特征，中国馆在过渡季采用自然通风来降低能耗，自然通风系统采用负压通风方式，可以根据室外条件控制风机的开启台数，以改变通风风量。室外空气通过首层的通风入口进入室内，新鲜空气沿着人员流线方向流动，并通过二层楼板洞口进入二层，穿过展区从二层上部的排风口排出。该通风系统可以有效地改善过渡季节的室内热湿环境，减少空调的使用。此外，中国馆还采用了地道风技术，利用浅层土壤的蓄热能力，夏季对新风降温，冬季对新风加热，过渡季可直接利用新风。地道风系统能够满足大多数日常办公需求，大幅缩短空调开启时间，有效降低建筑能耗，如图3.2-18所示。自然通风仿真效果如图3.2-19所示，通过分析建筑室内的空气龄及风速，判断室内自然通风效果，场馆中主要功能空间展厅空气龄在0～200s范围内，会议室、厨房等空气龄在60～1700s范围内，空气龄均低于1800s（满足自然通风换

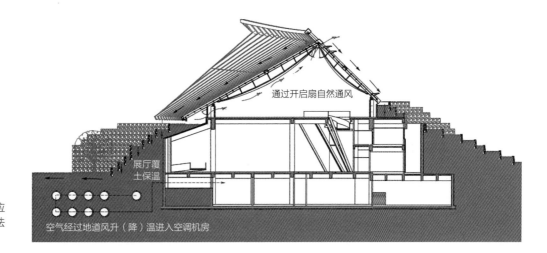

图 3.2-18
场馆通风设计
来源："地域气候适应
型绿色公共设计新方法
与示范"项目组提供

通过开启扇自然通风

展厅覆
土保温

空气经过地道风升（降）温进入空调机房

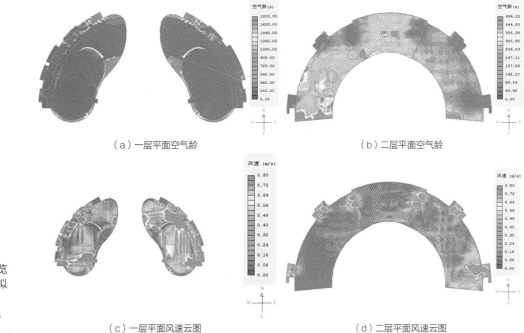

图 3.2-19
中国北京世界园艺博览
会中国馆室内通风模拟
结果
来源：软件模拟导出、
自绘

（a）一层平面空气龄

（b）二层平面空气龄

（c）一层平面风速云图

（d）二层平面风速云图

气次数不小于2次/h的要求），表明建筑内部主要功能空间空气品质较好。建筑内大部分区域的风速都处于1m/s以下，保证了室内人员的舒适度，但在部分区域风速过小，不利于室内污染物的排除。

3.2.3 绿色性能评估与总结

中国馆将创新绿色科技与可持续理念有机融合，主动适应延庆地区光照、降水、通风、温度等气候条件，采用底层覆土、弧线形半围合建筑布局、坡屋面等技术，减小体形系数，顺应场地，营造区域微气候，使中国馆成为一座有生命、会呼吸的建筑。建筑设计过程中，地域气候适应型绿色建筑设计辅助工具的有效性主要总结如下：

（1）在方案设计阶段，首先在方案一中将总平面图做成弧线形，半围合环抱形的场地布局减小了体形系数，适应延庆寒冷冬季的保温要求。方案二进一步考虑夏季隔热，采用首层覆土的形式。但基于APD@SKP模拟的结果显示，上部主体的形体空间密度、场地导风率均较方案一增加，不利于冬季保温。因此在方案三中，将覆土上部建筑调整为环抱的半围合形式，降低建筑的形体空间密度、场地导风率。

（2）在深化阶段的建筑场地优化设计中，通过采用绿色建筑设计辅助工具对不同季节场地风环境、场地热环境、建筑迎风面风压等的模拟分析，明确了最终优化方案能够利用西侧建筑主体及覆土阻挡冬季冷风，场地内风环境有利于室外行走，并能够保证人体活动舒适。环抱的平面在夏季有利于南风及偏南风的穿过，配合绿化，夏至日热岛强度为-1.4℃。

（3）在深化阶段的建筑形体优化设计中，基于对建筑的采光性能分析结果，屋顶采用展开的弧线形总平面，并减小南向坡度，增加迎南向的屋面面积，顶部透明，适应采光要求，采光系数达标面积比例为90.0%。基于对建筑通风性能的分析，确定了建筑采用负压通风方式，主要功能空间空气龄在0~200s范围内，建筑内大部分区域的风速都处于1m/s以下，完全满足《绿色建筑评价标准》GB/T 50378—2019的要求。

3.3 宁波太平鸟高新区男装办公楼

3.3.1 项目概况

（1）项目介绍

宁波太平鸟男装办公楼（图3.3-1、图3.3-2）基地位于宁波高新技术产业开发区，地块西邻院士路、南接光华路、北侧文智路、东侧新辉路。项目总用地1.9万m²，建筑面积7.3万m²，其中，地上5层，建筑面积3.3万m²，地下3层，建筑面积4万m²，建筑总高度24m。

项目为一座集办公、创意、研发、品牌展厅等多功能于一体的办公类建筑，其中一至五层主要功能为大空间的办公、员工休闲及产品陈列等；地下一层主要功能为人行交通空间、职工食堂、员工休闲区及配套、设备用房等；地下二层主要功能为报告厅、报告厅过庭、地下车库；地下三层主要功能为机动车车库，同时局部平战结合，兼作6级人防。项目已获得绿色建筑三星级设计标识。

图 3.3-1
宁波太平鸟高新区男装办公楼场地布局
来源："地域气候适应型绿色公共建筑设计新方法与示范"项目组提供

图 3.3-2
宁波太平鸟高新区男装
办公楼项目效果图
来源："地域气候适应
型绿色公共建筑设计
新方法与示范"项目组
提供

（2）设计理念

结合长三角地区夏季闷热高湿、冬季阴冷潮湿的气候特征和场地区域环境进行建筑设计，实现保温与隔热、日照与遮阳、通风与除湿的有效平衡。采用"thermal 热气流"设计理念，营造良好的办公环境。采用旋转式自倾斜形体，实现建筑自遮阳，每层由西向东平移1.2m，平面旋转，使气流上升，配合中庭及平推窗增强建筑通风。采用竖向外遮阳构件降低空调负荷。采用漫反射表皮构件、天窗、下沉庭院保证室内自然采光。采用复层绿化、植被屋面、雨水回用，实现海绵设计。项目设计、施工全过程使用BIM协同平台，提高设计施工质量和效率（图3.3-3）。

（3）气候响应

宁波地区属于亚热带季风气候，四季分明，春秋季稍短、冬夏季略长，冬季湿冷、夏季湿热；春秋季是季风转变期，多低温阴雨天气。气候分区属于夏热冬冷地区。该地区平均风速大，年平均风速为2.4m/s。以"车轮"图的形式将该地区全年的风速、风向和温度对应表达，如图3.3-4所示。温度适宜时间各方向气流频次高，因此具有较大的自然通风利用潜力。

该地区年日照时数为1798h，日照百分率41%，常年日照时数7、8月份最多，月日照在200h左右，冬季最少。太阳能年总辐射量为1316.94kW·h/m²，虽然6月中旬至

对光照条件作出的回应

旋转式自倾斜形体（15°）自遮阳与竖向外遮阳构件

浅进深配合中庭设置，保证室内自然光摄入量

对热湿环境作出的回应

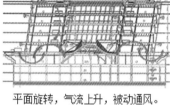

平面旋转，气流上升，被动通风。东西侧下沉式广场自然通风

建筑四周的平推窗配合大空间中庭的开窗加强自然通风效果

对降水条件作出的回应

植被屋面，改善建筑内外部环境、蓄积水分，减少雨水径流

本地植物、复层绿化，设置雨水收集池，减少地面雨水径流

图 3.3-3
宁波太平鸟高新区男装办公楼设计理念
来源："地域气候适应型绿色公共建筑设计新方法与示范"项目组提供

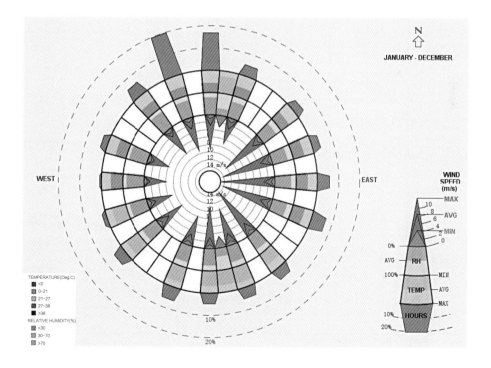

图 3.3-4
宁波市各季度温湿度分布
来源：采用Climate Consultant软件计算导出

7月上旬为梅雨季，持续阴雨，但全年太阳能和日照资源总体较丰富，针对建筑太阳能利用和天然采光设计具有一定的气候基础，同时夏季需保证有效的建筑隔热设计。图3.3-5所示为该地区典型年南向立面的年辐射强度，该立面全年接收太阳辐射较为平稳，能够较好抵御夏季高温与冬季寒冷。

在设计中，宁波太平鸟高新区男装办公楼结合了立面元素，屋面构架上配置约720m²的光伏塑料板材，在有效利用太阳能资源的同时，形成天然的遮阳顶棚，而旋转式自倾斜形体同样形成了建筑自遮阳。在天然采光设计中，浅进深配合中庭设置，能够保证室内自然光摄入量，地下室采用局部开敞的方式来改善地下空间的自然采光效果。

图3.3-6所示为该地区典型年的逐月降水量。年总降水量为1444mm，雨日167天，3～5月多锋面或锋面气旋活动，常是春雨连绵，雨量、雨日分别占全年的24.5%和18%；

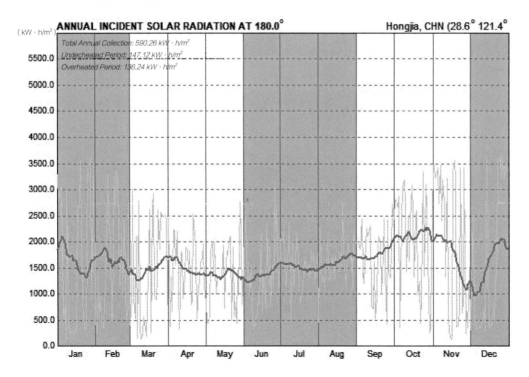

图 3.3-5
宁波市南向面逐月辐射强度
来源：采用Weather Tool软件计算导出

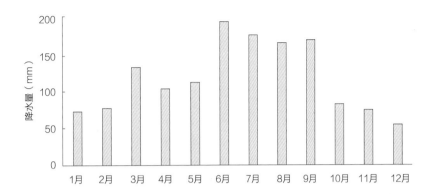

图 3.3-6
宁波市逐月平均降水量
来源：软件模拟导出

6月中旬至7月上旬为梅雨季，持续阴雨，间有大雨，雨量约占全年的17%；7~9月为台汛期，常有热带气旋（台风）、东风或初秋冷暖空气交汇影响而形成的强降雨，尤其是9月因冷空气与台风结合，成为一年中大到暴雨最多的月份，雨量约占全年的13.3%。因此，该地区大部分时间雨量充沛，具有较高的雨水收集利用潜力。为蓄积水分、减少雨水径流，该建筑设置雨水收集池，屋顶采用植被屋面的方式，形成屋顶休憩花园，并进行复层绿化。

3.3.2 基于地域气候适应的绿色公共建筑设计

（1）方案阶段绿色设计

太平鸟男装办公楼基地规划批复容积率为3.5，因考虑到与周围环境和谐的问题，方案设计时选用了容积率仅为2.0的多层建筑形式，从而与周边公园环境融为一体。建筑设计方案优化过程如图3.3-7所示。

方案一：建筑形体采用方形设计，与场地地形契合，通过室外风环境模拟分析，方形建筑外立面及其棱角会增大建筑迎风面风压，造成建筑周围出现无风区，建筑后侧形成涡旋；为改善室外风环境，考虑改变建筑外形，随着建筑外形边数的增多，冬季建筑迎、背风面风压差和夏季无风区及涡旋的面积减小，因此，建筑形体演变为方案二圆形围合式。

方案二：圆形建筑与周围环境是最适宜的。通过室外风环境模拟分析，圆形围合式，室外风速较缓和，有利于室外行走、活动舒适，建筑迎、背风面风压差较小，避免了冬季大量冷风渗透。夏季和过渡季场地内人活动区域未出现无风区，空气较为畅通，保证了室外热舒适性和空气的新鲜度。

为进一步提高室内采光和通风效果，方案三采用"thermal热气流"设计理念，在建筑内圈设计了3组弧形楼梯洞口及2组弧形洞口，结合气流的螺旋上升方式，每层以逆时针旋转15°通至屋顶，采用旋转式自倾斜形体，每层由西向东平移1.2m，实现建筑自遮阳。当屋面天窗（或侧窗）及每层窗扇同时打开时，配合中庭增强建筑通风，屋内的新鲜空气将源源不断地、均匀地流入每层办公空间，室内浊气也会随之从屋面天窗排出，从而保证了在适宜的气候环境下减少空调的能耗。建筑四周的平推窗配合大空间中庭的开窗加强了过渡季节的自然通风效果。在地下室设计中，采用局部开敞的方式来改善地下空间的天然采光效果。在建筑屋顶采用复层绿化、植被屋面的方式，有效改善建筑内部、外部热环境。

（2）深化阶段绿色设计

1）建筑场地设计

通过对宁波太平鸟高新区男装办公楼多个设计方案对比分析，针对最终设计方案深化设计形成施工图，建立物理模型进行场地微环境绿色性能仿真分析，模型建立过程中也作了适当简化，忽略了遮阳构件对风压分布影响小的部件，物理模型如图3.3-8所示。

①室外风环境仿真分析

本项目采用圆形围合式建筑设计，建筑迎、背风面风压差较小，避免了冬季大量冷风渗透，室外风速较缓和，可保证人的行动无障碍。根据项目所在地的气象数据工况进行室外风环境模拟分析，冬季工况室外风环境数值仿真结果如图3.3-9所示，室外1.5m高度的风速普遍较低，没有超过5m/s局部风速过大的情况，满足《绿色建筑评价标准》GB/T 50378—2019中室外行走空间风速不高于5m/s的要求，有利于行人室外活动。建筑迎、背风面风压差较小，避免了冬季大量冷风渗透。

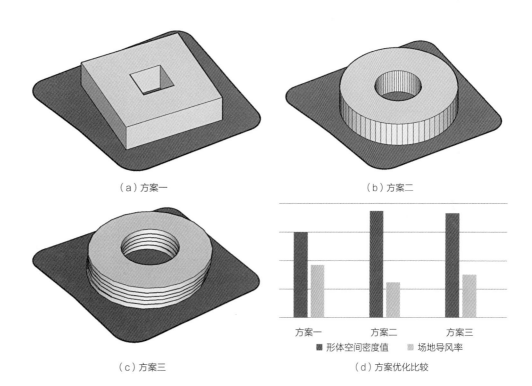

（a）方案一　　　　　　　　　　　　　（b）方案二

（c）方案三　　　　　　　　　　　　　（d）方案优化比较

■ 形体空间密度值　　■ 场地导风率

方案一　　　　方案二　　　　方案三

图 3.3-7
建筑空间设计方案优化
比较

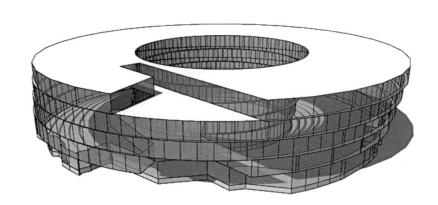

图 3.3-8
宁波太平鸟高新区男装
办公楼优化方案模型

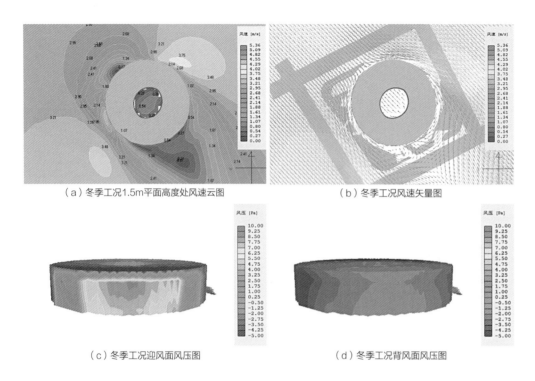

（a）冬季工况1.5m平面高度处风速云图　　　　（b）冬季工况风速矢量图

（c）冬季工况迎风面风压图　　　　（d）冬季工况背风面风压图

图 3.3-9
宁波太平鸟高新区男装
办公楼冬季工况风环境
模拟结果

夏季工况室外风环境数值仿真结果如图3.3-10所示，场地内1.5m高度风速不超过3m/s，没有风速过高或过低的区域，场地内空气流通较为畅通，保证了室外热舒适性和空气的新鲜度。建筑前后存在一定压差，有利于室内自然通风。

②室外热环境分析

太平鸟男装办公楼绿地覆盖面积广泛，内部有直径约50m的圆形中庭绿化和环形屋面绿化带，在地下一层下沉式广场内有更丰富多变的立体景观设计（图3.3-11），形成适宜的微环境[1]。根据项目所在地的气象数据进行室外热环境模拟分析，仿真结果如图3.3-12所示，场地内气流较为通畅，夏季室外风速基本不低于0.5m/s，有利于建筑排热，结合场地内的复层绿化和屋顶绿化等景观设置，在有效地改善建筑内外部环境的同时，营

---

[1] 张圣敏. 宁波太平鸟男装办公楼复杂空间建筑深化设计[J]. 上海建设科技，2018（2）.

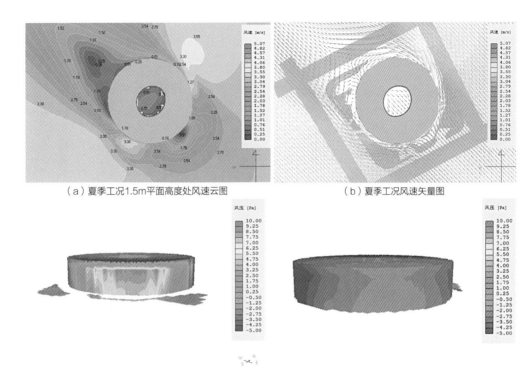

（a）夏季工况1.5m平面高度处风速云图　　　　　　　（b）夏季工况风速矢量图

（c）夏季工况迎风面风压图　　　　　　　（d）夏季工况背风面风压图

图 3.3-10
宁波太平鸟高新区男装
办公楼夏季工况风环境
模拟结果

图 3.3-11
宁波太平鸟高新区男装
办公楼景观设置
来源："地域气候适应
型绿色公共建筑设计
新方法与示范"项目组
提供

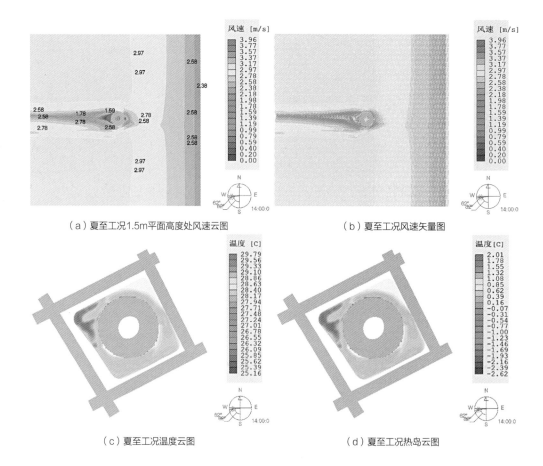

（a）夏至工况1.5m平面高度处风速云图　　　　（b）夏至工况风速矢量图

（c）夏至工况温度云图　　　　（d）夏至工况热岛云图

图 3.3-12
宁波太平鸟高新区男装
办公楼热环境模拟结果

造舒适的场地环境，以减小局部热岛效应。模拟结果表明在夏至工况下场地内的温度在28℃左右，平均热岛强度在0℃左右，场地热环境较为舒适。

2）建筑形体设计

①天然采光仿真分析

本项目采用旋转式自倾斜形体，形成建筑自遮阳，采用竖向外遮阳构件调节室内采光及降低夏季空调冷负荷。建筑外围护结构及中庭内部为玻璃幕墙，浅进深配合中庭设置，保证室内自然光的摄入量。在地下室采用局部开敞的设计方式来改善地下空

（a）旋转式自倾斜形体

（b）中庭

图 3.3-13　建筑外围护采光设计
来源："地域气候适应型绿色公共建筑设计新方法与示范"项目组提供

间的天然采光效果，如图3.3-13所示。

项目全气候动态采光模拟及全阴天静态采光模拟分析结果如图3.3-14和图3.3-15所示，以全年为计算单位，照度达到300lx的小时数近似呈正态分布，7月份的采光效果最好，其中五层的最高达标小时数达到8h。随着楼层的增高，采光达标小时数和采光系数越高。建筑浅进深配合中庭设置，缩短了建筑内部进深尺寸，保证室内自然光摄入量，改善天然采光条件。

②自然通风仿真分析

办公楼采用旋转式自倾斜形体形式，结合平面旋转，气流螺旋上升，建筑四周的平推窗配合大空间中庭的开窗加强了过渡季节的自然通风效果。当屋面天窗及每层窗扇同时打开时，室外的新鲜空气将进入室内，并带走室内受污染的空气，配合中庭绿化增强建筑被动通风，东西侧有下沉式广场，能够增加地下空间的自然通风，如图3.3-16所示。建筑自然通风仿真效果如图3.3-17所示，建筑主要功能区域内空气龄均低于1800s（满足自然通风换气次数不小于2次/h的要求），表明建筑整体设计的自然通风效果较好，保证了室内空气的新鲜度。且室内主要功能空间平均风速在0.8m/s以下，既保证了自然通风的需要，又不会引起室内人员不舒适。

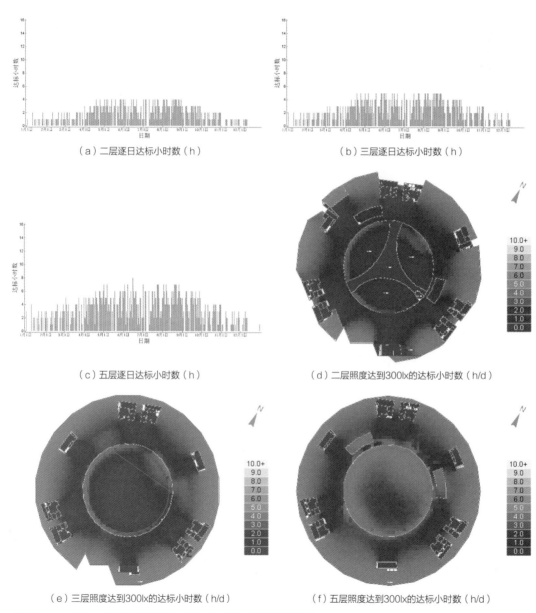

（a）二层逐日达标小时数（h）

（b）三层逐日达标小时数（h）

（c）五层逐日达标小时数（h）

（d）二层照度达到300lx的达标小时数（h/d）

（e）三层照度达到300lx的达标小时数（h/d）

（f）五层照度达到300lx的达标小时数（h/d）

图 3.3-14　宁波太平鸟高新区男装办公楼全气候动态采光模拟结果

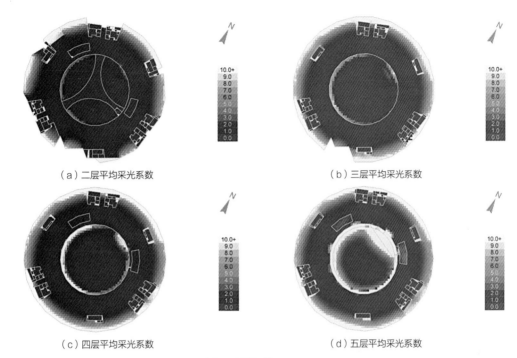

（a）二层平均采光系数　　　　　　　　　　（b）三层平均采光系数

（c）四层平均采光系数　　　　　　　　　　（d）五层平均采光系数

图 3.3-15　宁波太平鸟高新区男装办公楼全阴天静态采光模拟结果

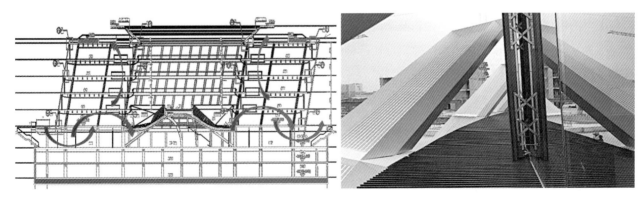

图 3.3-16　建筑自然通风绿色设计
来源："地域气候适应型绿色公共建筑设计新方法与示范"项目组提供

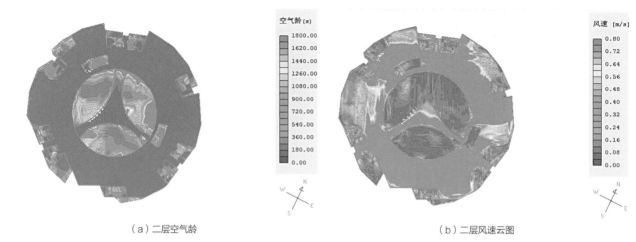

（a）二层空气龄　　　　　　　　　　　　　　（b）二层风速云图

图 3.3-17　宁波太平鸟高新区男装办公楼室内通风模拟结果
来源：软件模拟导出、自绘

3.3.3 绿色性能评估与总结

　　长三角地区夏季闷热高湿、冬季阴冷潮湿，地域气候特点决定了该地区同时具有冬季采暖和夏季制冷的环境营造需求。太平鸟男装办公楼结合当地气候特征，依据空气螺旋上升的原理，采用建筑整体倾斜及结构空间扭转等手法塑造空间的不规则感，使建筑的品质达到内外兼修的效果。建筑设计过程中，地域气候适应型绿色建筑设计辅助工具的有效性主要总结如下：

　　（1）在建筑方案设计阶段，方案一采用方形围合式，但通过APD@SKP模拟分析发现，外立面及棱角会增大建筑迎风面风压，造成建筑周围出现无风区，建筑后侧形成涡旋。因此，在方案二中采用圆形围合式，减小冬季建筑迎、背风面风压差和夏季无风区及涡旋的面积。进一步考虑建筑通风与遮阳效果，在方案三中将每层以逆时针旋转15°，通至屋顶，实现建筑自遮阳，并配合中庭增强建筑通风效果。

　　（2）在深化阶段的建筑场地设计中，基于绿色建筑设计辅助工具风环境、热环境模拟分析结果，场地内人活动区域未出现无风区，空气较为畅通。通过设置中庭绿化和环形屋面绿化带，使平均热岛强度降至0℃左右。

（3）在深化阶段的建筑形体优化设计中，基于绿色建筑设计辅助工具的采光、通风分析，将建筑整体倾斜，外围护结构及中庭内部设置为玻璃幕墙，浅进深配合中庭设置，保证室内自然光的摄入量。通过软件指导自然通风设计，使主要功能空间平均风速在0.8m/s以下，空气龄处于1800s以下，既保证自然通风的需要，又不会引起室内人员不舒适，完全满足《绿色建筑评价标准》GB/T 50378—2019的要求。

3.4 华南理工大学广州国际校区

3.4.1 项目概况

（1）项目介绍

华南理工大学国际校区位于广州番禺区南村镇广州国际创新城南岸起步区。一期工程实际建成包括材料基因工程产业创新中心和大数据与网络空间安全学院所属的三栋建筑。项目用地位于校园西南侧，东西比邻其他地块，北侧为校园运动场地，南侧为校园环路及城市道路。

项目所在地块总用地面积为33015m²，总建筑面积为99976m²，在此重点介绍材料基因工程产业创新中心的两栋建筑，位于地块东侧，包括A栋塔楼和B栋裙楼，如图3.4-1所示，总建筑面积为43140m²。其中，塔楼地上14层，地下1层，总高度64.4m；裙楼地上5层，地下1层，总高度23.9m。建筑功能主要为实验室，部分为办公室和会议室，使用人群以学生和教职工为主（图3.4-2）。

（2）设计理念

广州市华南理工大学广州国际校区总体规划紧扣中西文化交流主题，一方面提取和延续华工老校区的环境基因，另一方面再现与注入国外著名大学的空间意向元素，

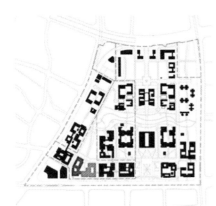

图 3.4-1
项目场地平面布局
来源:"地域气候适应
型绿色公共建筑设计
新方法与示范"项目组
提供

图 3.4-2
项目效果图
来源:"地域气候适应
型绿色公共建筑设计
新方法与示范"项目组
提供

旨在以创新的规划理念建构具有岭南地域特色并符合时代精神的综合性大学国际校区。

利用基地外围现状水系，将现状鱼塘与之连通成东西向景观河，营造一河两岸的校园活力景观带，增添校园公共环境的多样性和丰富性，南北向的校园主轴线和步行绿廊系统，将校区建筑串联起来，使校园景观渗透到各组团建筑中，营造静谧舒适的研究氛围和开放共享的学习环境。

地块总平面呼应校园整体规划中纵向的折线形景观带，建筑围合出的广场面向中部的景观带打开，二层设连续的平台将地块内不同的学院联系起来，同时利用连廊通向相邻地块建筑，以回应岭南地区独特的气候条件（图3.4-3）。

基于该地区气候特点，要实现人居舒适性的目标，必须满足隔热、散热与采光三个基本要求，与此同时建筑应解决好防雨、防潮和防台风的问题，满足建筑空间环境安全性和持久性的使用目标。根据这一特征，项目通过气候适应性设计，重点选择两类技术作为主导技术：一是提高热环境舒适度的技术，包括热缓冲空间、建筑外立面遮阳、屋面覆土、建筑内拔风散热等技术；二是提升室内光环境的技术，包括采光天窗、采光天井等技术。

（3）气候响应

广州地区属于海洋性亚热带季风气候，以温暖多雨、光热充足、夏季长、霜期短为特征，热工分区属于夏热冬暖地区，是全国光、热和水资源较丰富的地区。图3.4-4为该地区典型气象年各季度的温度统计，全年平均气温21.9℃，其中，夏季大部分时间气温在25～35℃之间，冬季大部分时间气温在5～25℃之间，年平均相对湿度为78%。

图 3.4-3
建筑远景与近景
来源："地域气候适应型绿色公共建筑设计新方法与示范"项目组提供

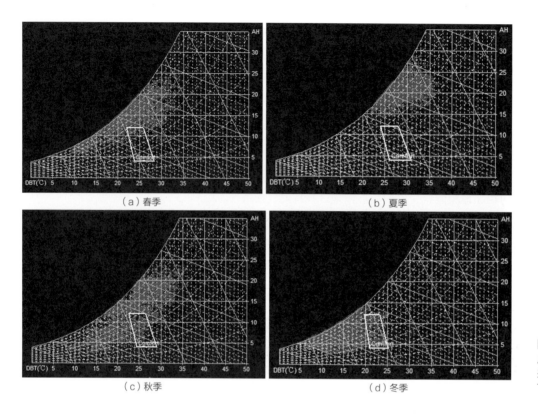

（a）春季　　　　　　　　　　（b）夏季

（c）秋季　　　　　　　　　　（d）冬季

图 3.4-4
广州地区逐时温度分布
来源：采用 Weather
Tool软件计算导出

漫长的夏季需要快速排除室内热量，因此在设计中，通过在建筑内部置入气候腔，利用热压来形成气流通道，将建筑内部的热气排出，有效降低室内热量。

　　该地区太阳能辐射年总量平均值为4279MJ/m²，属太阳能资源丰富区。图3.4-5所示为该地区典型年的南向面逐月辐射强度，可见该朝向对于冬季太阳辐射的吸收大有益处，同时能够避免较热季节大量的太阳辐射得热。建筑设计中，通过设置外廊、庭院等空间为热缓冲空间，保护主要空间免受太阳辐射的直接影响。同时，立面多设置遮阳百叶，有效阻挡热量，减少立面太阳辐射。

　　该地区年日照时数为1680h，其中，日照时数秋季最长为534.9h，夏季次之，为521.7h，冬季为363.7h，春季最短，为259.9h。基于此，为充分利用天然采光，建筑总

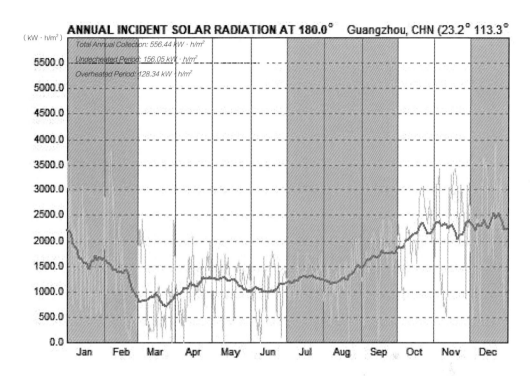

图 3.4-5
广州地区南向太阳辐射
强度
来源：采用Weather
Tool软件计算导出

体布局为L形，减少相互遮挡，并在建筑中设置中庭、天窗等，从顶面补充采光，提高室内采光效果，改善采光均匀度，如图3.4-6所示。

图3.4-7所示为该地区典型年的风速和风向。受亚热带海洋性季风气候影响，广州风向季节性较强，春季以偏东南风较多，偏北风次多；夏季受副热带高压和南海低压的影响，盛行偏东南风；秋季由夏季风转为冬季风，以偏北风居多；冬季受冷高压控制，主要是偏北风，其次是偏东南风。风速冬、春季节较大，夏季较小，年平均风速为1.9m/s。

为有效利用此天然冷源，建筑总体设计中利用体量之间的空间加强对风的引导，通过将建筑分解成若干个较小的体量，利于建筑的通风；同时通过架空底部空间、交通空间外置和休闲平台的设置缩短通风路径，促进自然通风效果，有效实现通风散热，如图3.4-8所示。

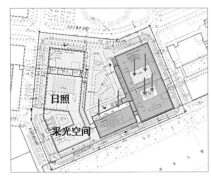

图 3.4-6
L 形布局与中庭采光
来源："地域气候适应型
绿色公共建筑设计新方法
与示范"项目组提供

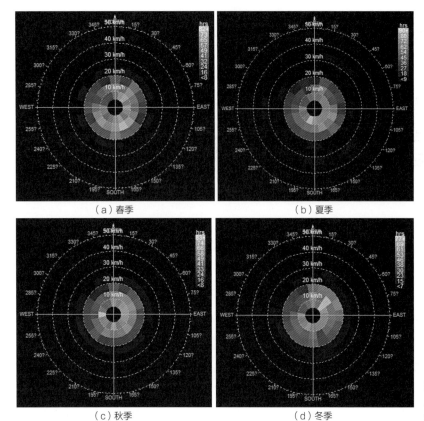

（a）春季　　　　　　　　　　（b）夏季

（c）秋季　　　　　　　　　　（d）冬季

图 3.4-7
广州地区各季度风速、风向分布
来源：采用 Weather Tool 软件计算导出

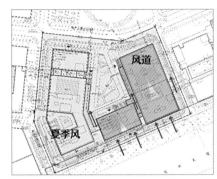

图 3.4-8
项目气流设计
来源："地域气候适应
型绿色公共建筑设计
新方法与示范"项目组
提供

3.4.2 基于地域气候适应的绿色公共建筑设计

（1）方案阶段绿色设计

本项目位于广东省广州市，处于夏热冬暖地区，属海洋性亚热带季风气候，该气候区主要特征为夏季时间长且炎热潮湿。项目设计应充分考虑夏热冬暖地区的气候条件特性，在光照、温度、季风等方面作出回应。通风是该地区主要的降温除湿手段，自然通风作为被动式的一种方法，对于夏热冬暖地区具有非常重要的意义。

基于以上要点，通过建筑方案设计优化比较，确定最终建筑方案，建筑方案优化过程如图3.4-9所示。方案一：项目由四个单体建筑组成，按照功能要求构成"前低后高"的建筑组合，减少相互遮挡，更有利于接受光照，建筑形体空间密度较低，场地导风率较高，通过室外风环境模拟，规划布局尚有很多不足之处，在建筑的迎风面风压较大，背风面出现无风区，建筑后侧形成涡旋。方案二：依据方案一的设计优化建议，为进一步改善室外风环境，建筑规划布局形成以高楼为主的围合空间布局，既解决了每栋单体建筑的出入口问题，又能给每个单体建筑有很好的朝向。建筑总体设计利用体量之间的空间加强对风的引导，但场地围合部分通风效果较差，存在无风区。方案三：采用以高楼为主的围合空间布局，建筑东侧与现有建筑之间，采用与建筑相适应的规划布局处理手法，进一步提高场地导风率，通过底部空间架空、交通空间外

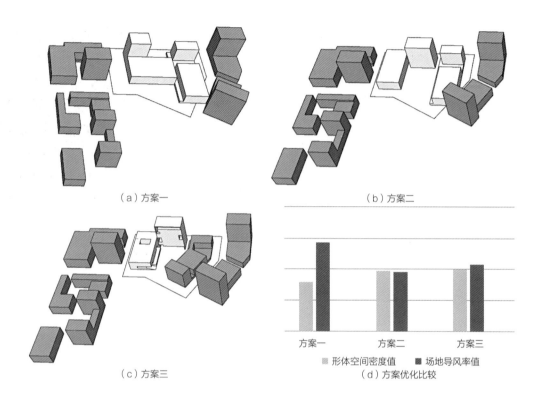

（a）方案一

（b）方案二

（c）方案三

（d）方案优化比较

形体空间密度值　■ 场地导风率值

方案一　　　　方案二　　　　方案三

图 3.4-9
建筑空间设计方案优化
比较

置和休闲平台设置缩短了通风路径，促进了自然通风，有效实现通风散热。建筑有意设置外廊、庭院等空间为热缓冲空间，保护主要空间免受太阳辐射的直接影响。在建筑内部置入气候腔，利用热压来形成气流通道，将建筑内部的热气排出，有效降低室内热量。

（2）深化阶段绿色设计

1）建筑场地设计

通过对华南理工大学广州国际校区一期多个设计方案对比分析，针对最终设计方案深化设计形成施工图，建立物理模型进行场地微环境绿色性能仿真分析，模型建立过程中也作了适当简化，忽略了建筑立面遮阳构件对风压分布影响小的部件，场地内景观绿植和水体也作了适当简化，物理模型如图3.4-10所示。

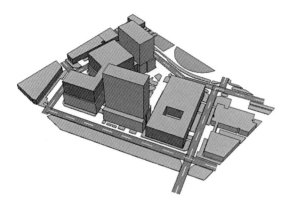

图 3.4-10　华南理工大学广州国际校区一期优化方案模型

①室外风环境仿真分析

冬季工况室外风环境数值仿真结果如图3.4-11所示，室外1.5m高度的风速普遍较低，室外风速多在0.5～3.0m/s之间，没有超过5m/s局部风速过大的情况，满足《绿色建筑评价标准》GB/T 50378—2019中室外行走空间风速不高于5m/s的要求，有利于行人室外活动。

夏季工况室外风环境数值仿真结果如图3.4-12所示，室外1.5m高度的风速普遍较低，一般不超过2m/s，既有利于行人活动舒适，又可保证建筑周围空气流通。建筑采用底层架空引导风速，场地气流较为通畅，建筑周围未产

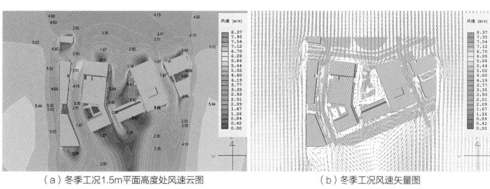

（a）冬季工况1.5m平面高度处风速云图　　　　　　（b）冬季工况风速矢量图

图 3.4-11
华南理工大学广州国际校区一期冬季工况风环境模拟结果

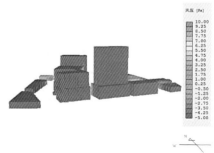

（c）冬季工况迎风面风压图　　　　　　　　（d）冬季工况背风面风压图

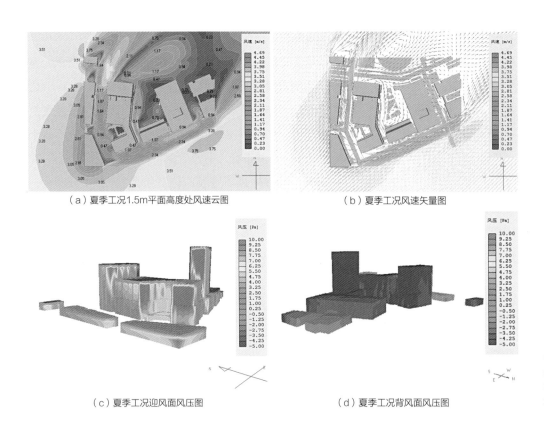

（a）夏季工况1.5m平面高度处风速云图　　　　　　　　（b）夏季工况风速矢量图

（c）夏季工况迎风面风压图　　　　　　　　（d）夏季工况背风面风压图

图3.4-12
华南理工大学广州国际
校区一期夏季工况风环
境模拟结果

生旋涡、无风区，从而有利于将热量带走，降低场地热岛强度。建筑前后存在一定压差，迎、背风面风压差处于1～5Pa，有利于室内自然通风。

②室外热环境分析

本项目通过合理的建筑设计和布局，结合建筑周边场地的绿化景观设计，选择高效美观的绿化形式、植物搭配及水景设置，利用植物的蒸腾作用与导风作用来吸收热量、引导风向，降低附近空间的温度。建筑位于东南向迎风面，在首层设置两个架空开口，形成两个通风通道，改善下游活动区域以及室外休息平台的热舒适情况。根据项目所在地的气象数据进行室外热环境模拟分析，仿真结果如图3.4-13所示。利用底层架空引导风速，建筑周围未产生旋涡、无风区，形成良好的室外风环境，有利于

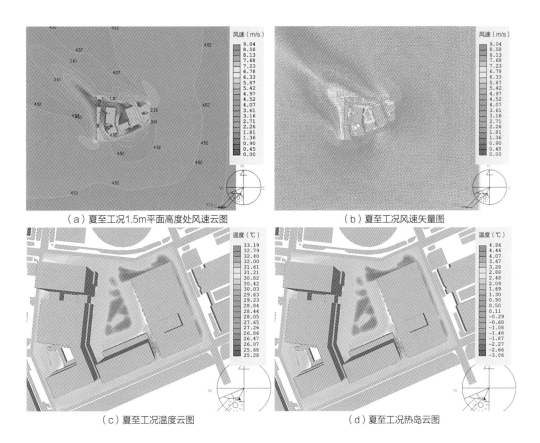

（a）夏至工况1.5m平面高度处风速云图　　　　　（b）夏至工况风速矢量图

（c）夏至工况温度云图　　　　　　　　　（d）夏至工况热岛云图

图 3.4-13
华南理工大学广州国际校区一期热环境模拟结果

建筑排热。在夏至工况下场地内的大部分区域温度处于28℃左右，平均热岛强度约为0.2℃，场地热环境较为舒适。

2）建筑形体设计

①天然采光仿真分析

广州市处于Ⅳ类光气候区，该项目类型为教育建筑，建筑群由三栋楼组成，存在大进深空间及自遮挡，需通过合理的建筑设计改善采光条件，尽可能避免无窗空间。

按照平均照度达到300lx作为衡量人体光适应性的阈值，进行天然采光模拟分析，仿真结果如图3.4-14和图3.4-15所示。建筑的主要朝向为南北朝向，南向采光效果较

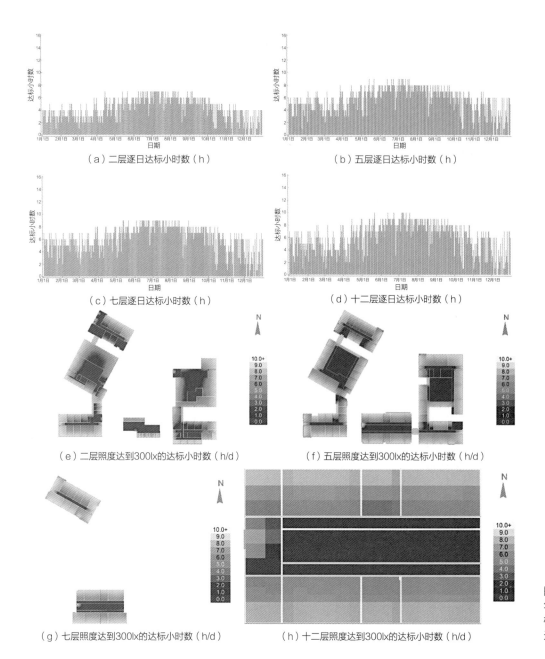

（a）二层逐日达标小时数（h）

（b）五层逐日达标小时数（h）

（c）七层逐日达标小时数（h）

（d）十二层逐日达标小时数（h）

（e）二层照度达到300lx的达标小时数（h/d）

（f）五层照度达到300lx的达标小时数（h/d）

（g）七层照度达到300lx的达标小时数（h/d）

（h）十二层照度达到300lx的达标小时数（h/d）

图 3.4-14
华南理工大学广州国际
校区一期全气候动态采
光模拟结果

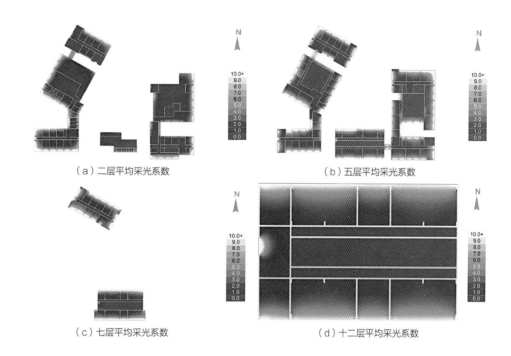

（a）二层平均采光系数　　　　　　（b）五层平均采光系数

（c）七层平均采光系数　　　　　　（d）十二层平均采光系数

图 3.4-15
华南理工大学广州国际
校区一期全阴天静态采
光模拟结果

好，北向采光效果比南向略差，但符合建筑朝向及全年太阳方位对采光分布的预期。以全年为计算单位，照度达到300lx的小时数近似呈正态分布，7月份的采光效果更好。随着楼层的增高，采光效果更好。建筑底部B栋裙楼呈"凹"字，存在自遮挡，"凹"字内部采光效果略差；A栋塔楼采光效果较好。建筑内部由于进深原因，存在内区，内部隔断为非透明隔断，导致内区采光效果不太理想，但内部区域大多为电梯房及走道，人员不会长时间停留，建议增加照明分区控制，单独控制该区域照明，以达到节约能源的目的。

②自然通风仿真分析

项目处于夏热冬暖地区，为提高室内热舒适性，建筑设计时需要避免出现狭小的空间，尽量使用开敞空间，使室内出现穿堂风，进而提高室内风场的效率。同时在建筑内部置入气候腔，利用热压来形成气流通道，将建筑内部的热气排出，结合室外的

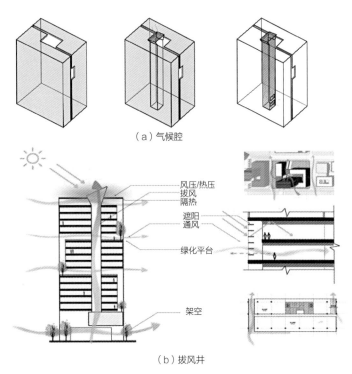

（a）气候腔

（b）拔风井

图 3.4-16　建筑室内通风设计

规划布局，使建筑拥有良好的通风条件，有助于改善夏热冬暖地区室内舒适度，如图3.4-16所示。

　　建筑自然通风仿真结果如图3.4-17所示。左侧塔楼房间空气龄均处于1800s以下，表明建筑的整体设计可以促进由迎、背风面的风压差带来的通风。右侧裙楼的室内自然通风效果略差，但也满足自然通风换气次数不小于2次/h的要求，通过合理的开口设计，在自然通风条件下，室内通风不仅保证了室内空气的新鲜度，也能有效带走室内热量，保证舒适性要求。且室内大部分区域的风速都处于0.8m/s以下，既保证了自然通风的需求，又不会增加室内人员的不舒适度。建筑内部存在细长的走廊，此处的风速略大，有适度的吹风感，但也有利于提高室内热舒适性。

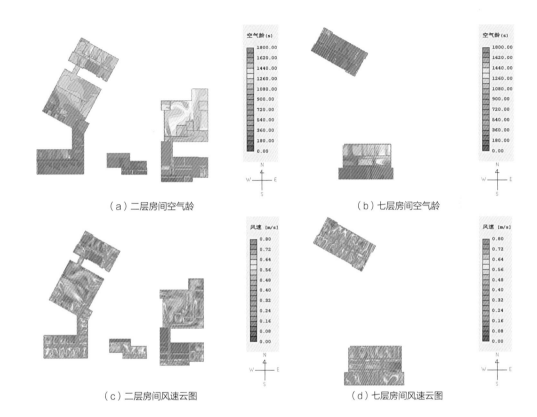

（a）二层房间空气龄　　　　　　　　　　　（b）七层房间空气龄

（c）二层房间风速云图　　　　　　　　　　（d）七层房间风速云图

图 3.4-17
华南理工大学广州国际
校区一期室内通风模拟
结果

3.4.3 绿色性能评估与总结

　　广州地区属于夏热冬暖地区，是全国光、热和水资源较丰富的地区，要实现人居舒适性的目标，必须满足隔热、散热与采光等基本要求。建筑设计充分考虑当地的气候条件特性，重点关注建筑的通风、采光、热舒适性等方面，在该项目中，建筑的空间、造型与功能、环境紧密结合，应用绿色建筑技术来实现建筑的可持续发展。建筑设计过程中，地域气候适应型绿色建筑设计辅助工具的有效性主要总结如下：

　　（1）在建筑方案设计阶段，方案一采用L形布局减少相互遮挡，根据APD@SKP的模拟结果，该方案建筑形体空间密度较低，场地导风率较高，造成迎风面风压较大，背风面出现无风区和涡旋。因此在方案二中将建筑分解成若干个较小的体量，以利于建筑通风，但场地围合部分通风效果较差，气流模拟结果显示存在无风区。最终在方案三中，通过缩小建筑凹口，提高场地导风率。

（2）在深化阶段的建筑场地设计优化中，基于绿色建筑设计辅助工具的风环境、热环境模拟分析结果，通过架空底部空间、外置交通空间并设置休闲平台，使场地气流通畅，避免产生旋涡、无风区。通过绿化方式控制平均热岛强度在0.2℃左右，其热环境舒适。

（3）在深化阶段的建筑形体设计优化中，基于绿色建筑设计辅助工具的采光、通风分析，通过设置中庭、天窗等方式从顶面补充采光，但内区采光效果依然不太理想，因此需要增加照明分区控制。为提升建筑内部自然通风性能，在建筑内部置入气候腔，利用热压来形成气流通道。根据模拟结果，室内大部分区域的风速都处于1m/s以下，左侧塔楼空气龄处于1800s以下，舒适度较佳，同时建筑内部的整体设计可以提升因迎、背风面的风压差带来的通风效果，完全满足《绿色建筑评价标准》GB/T 50378—2019的要求。

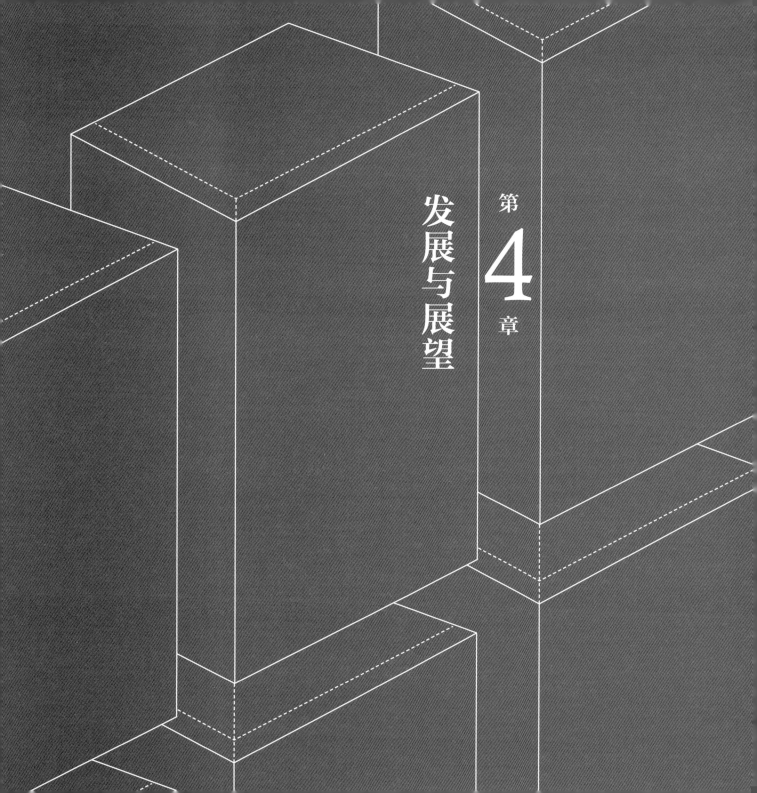

第 4 章

发展与展望

随着国家绿色化发展战略推进以及标准体系更迭，绿色建筑从"技术导向"向"性能导向"转变，更加体现"以人为本"的理念。"十三五"期间，建筑师主导的绿色建筑设计新方法和新工具等研究成果显著，并开始主导绿色建筑"正向设计"，从前端设计阶段重视绿色建筑发展要素。

本书从建筑师主导的全过程绿色公共建筑设计出发，介绍了在方案设计阶段应用的基于SketchUp平台的建筑方案设计辅助软件，该设计工具可帮助建筑师快速统计经济技术指标，并进行单体建筑和群体建筑的多方案对比分析；同时，基于地域气候特点提出了形体空间密度、场地透风度、外表接触系数（体形系数）等建筑设计关键指标，建筑师可利用该工具快速进行设计方案的表面接触系数（体形系数）、表面日照小时数等绿色性能分析，并根据优化建议进行方案优化，进行气候适应性指标多方案对比分析，设计出最佳方案。在施工图设计阶段，介绍了基于自主知识产权计算内核的建筑微环境、形体设计分析工具，逐步摆脱对国外CFD计算内核的依赖，同时，提升建筑师的可操作性，快速进行绿色建筑关键指标评价。

地域气候适应型绿色公共建筑设计新工具的开发，一定程度上辅助支持了建筑师进行绿色公共建筑创作，基本实现了绿色建筑设计与绿色性能分析的实时链接和信息交互；同时，新工具采用新核心算法，有助于促进国产化绿色公共建筑设计领域的核心技术和产品发展，推动建筑设计行业工作方式革新和传统设计模式转型，带动建筑设计产业转型与升级。虽然新工具的开发取得了一定的进展，但是绿色建筑是一个系统化工程，涉及的绿色性能更多，还需要根据建筑师使用需求继续升级与完善。

全球建筑行业的发展趋势是绿色化、智慧化和工业化，设计新工具也需顺应全球建筑行业发展潮流，向绿色化、智慧化和便捷化发展。首先，在建筑方案识别方面更加智能和便捷，建筑师可以快速进行复杂方案模型的绿色性能分析；其次，基于大数据和机器学习算法应用，可进行更多层级的气候适应性设计指标分析，全面辅助建筑师进行绿色建筑设计；第三，基于数字孪生技术，进行虚拟绿色建筑构建，对建筑设计效果直接展示和评估，帮助建筑师提出切实可行的设计优化建议；最后，开发更加先进、成熟和更高效率的国产化核心算法，并基于云平台进行自然通风、天然采光、能耗模拟等绿色性能快速计算分析，辅助建筑师进行全过程绿色建筑设计。

▌参考文献

[1] 石晶. 数字化进程中建筑设计方式的发展变迁[D]. 长沙：湖南大学，2007.

[2] 倪海参. 主流船舶设计CAD软件间船体结构数据交换方法的研究[D]. 上海：上海交通大学，2012.

[3] 庄智，余元波，叶海，等. 建筑室外风环境CFD模拟技术研究现状[J]. 建筑科学，2014，30（2）：108-114.

[4] 翟建华. 计算流体力学（CFD）的通用软件[J]. 河北科技大学学报，2005，26（2）：160-165.

[5] 韩艳霞，金辉. 计算流体力学通用软件-STAR-CD简介[J]. 甘肃科技，2005，21（9）：70.

[6] Y.J. Yoon，M Moeck，R.G. Mistrick，et al. How much energy do different toplighting strategies save?[J]. Journal of architectural engineering，2008，14（4）：101-110.

[7] P.R. Tregenza，I.M. Waters. Daylight coefficients[J]. Lighting Research & Technology，1983，15（2）：65-71.

[8] 吴蔚，刘坤鹏. 全年动态天然采光模拟软件DAYSIM [J]. 照明工程学报，2012，23（23）：30-35.

[9] C Reinhart. Tutorial on the use of daysim simulations for sustainable design[J]. Institute for Research in Construction，2010.

[10] 张志勇，姜涌. 绿色建筑设计工具研究[J]. 建筑学报，2007（3）：78-80.

[11] BIM百科. Ecotect能耗分析好用吗？Ecotect能耗分析的优缺点[EB/OL].（2020-12-04）[2021-4-18]. http://www.tuituisoft.com/bim/18031.html.

[12] Bruse M，Fleer H. Simulating surface-plant-air interactions inside urban environments with a three dimensional numerical model[J]. Environmental Modelling & Software，1998，（13）：373-384.

[13] 杨小山，赵立华. 城市风环境模拟：ENVI-met与MISKAM模型对比[J]. 环境科学与技术，2016，39（8）：16-21.

[14] 何成陈，陈思源. 声环境模拟软件对比分析及Cadna/A运用总结[EB/OL].（2017-05-29）[2021-04-18]. http://www.doc88.com/p-0836357892427.html.

[15] Mr_Chi. 关于Virtual Lab、Sysnoise和Actran的对比及前世今生[EB/OL].（2016-10-29）[2021-04-18]. http://blog.sina.com.cn/s/blog_87ede83d0102xwmx.html.

[16] 潘毅群，左明明，李玉明. 建筑能耗模拟——绿色建筑设计与建筑节能改造的支持工具之一：基本原理与软件[J]. 制冷与空调（四川），2008（3）：10-16.

[17] 李准. 基于EnergyPlus的建筑能耗模拟软件设计开发与应用研究[D]. 长沙：湖南大学，2009.

[18] 周海珠，王雯翡，魏慧娇，等. 我国绿色建筑高品质发展需求分析与展望[J]. 建筑科学，2018，34（9）：148-153.

[19] 闵天怡. 生物气候建筑叙事 [J]. 西部人居环境学刊，2017，32（6）.

[20] 齐康，杨维菊. 绿色建筑设计与技术[M]. 南京：东南大学出版社，2011.

[21] 贺国鹏. 园林建筑在造园手法中的应用[J]. 科学之友（B版），2008（6）：153，155.

[22] 代恒. 徽派建筑在中国风景油画创作中的"意象"美[J]. 美与时代（中），2016（1）：105-106.

[23] 央广网. 建筑要有人文之根（人民时评）[EB/OL].（2018-02-06）[2021-6-18]. https://baijiahao.baidu. com/s?id=1591608874577536745&wfr=spider&for=pc.

[24] 苏建鸽. LY公司红日花园项目房地产项目策划研究[D]. 镇江：江苏大学，2013.

[25] 张驰. 基于并行工程理论的建筑策划方法研究——以重庆保税景区游客服务中心为例[D]. 重庆：重庆大学，2017.

[26] 邹永华，宋家峰. 环境行为研究在建筑策划中的作用[J]. 南方建筑，2002（4）：1-3.

[27] 庄惟敏. 演变中的建筑学——建筑策划与建筑学的再思考[J]. 新建筑，2017（3）：18-22.

[28] 陈法平. 浅谈大数据下工程造价管理[J]. 建筑工程技术与设计，2018（4）：707.

[29] 庄惟敏. "前策划-后评估"：建筑流程闭环的反馈机制[J]. 住区，2017（5）：125-129.

[30] 韩冬青，顾震弘，吴国栋. 以空间形态为核心的公共建筑气候适应性设计方法研究[J]. 建筑学报，2019（4）：78-84.

[31] 李麟学. 热力学建筑原型 环境调控的形式法则[J]. 时代建筑，2018（3）：36-41.

[32] 曹森. 被动式超低能耗导向的一般性公共建筑设计整合优化[D]. 郑州：郑州大学，2019.

[33] 杨永峰. 严寒地区公共建筑被动式节能设计研究[D]. 北京：北京建筑大学，2017.

[34] 郑志勇. 绿色居住建筑的节地与空间利用设计手法[J]. 城市建筑，2012（17）：37-38.

[35] 庄惟敏，祁斌，林波荣，等. 基于环境生态性能优化的建筑复合表皮集成技术在北京射击馆等项目中的创新运用[J]. 建设科技，2014（Z1）：74-75.

[36] 韩冬青，顾震弘，吴国栋. 以空间形态为核心的公共建筑气候适应性设计方法研究[J]. 建筑学报，2019（4）：78-84.

[37] 李京津. 基于"日照适应性"的城市设计理论和方法[D]. 南京：东南大学，2018.39-40.

[38] 陈文志. 浅谈立体绿化对城市热岛效应的改善作用[J]. 城市建筑，2015（14）：248.

[39] 王艳. 基于开放式教育的中小学教学单元采光优化设计研究——以北京地区为例[D]. 北京：北京建筑大学，2020.

[40] 景泉，朱文睿. 京津冀地区寒冷气候适应型绿色公共建筑设计——以2019年中国北京世界园艺博览会中国馆为例[J]. 建筑技艺，2019（1）：28-35.

[41] 张圣敏. 宁波太平鸟男装办公楼复杂空间建筑深化设计[J]. 上海建设科技，2018（2）：27-31.